가볍게 읽는

유체공학

POST SCIENCE/12

가볍게 읽는

유체공학

고미네 다쓰오 지음

정세환 옮김 | 양한주 감수

북스힐

머리말

우리는 항상 공기나 물과 접하며 생활한다. 공기는 대표적인 기체이고, 물은 대표적인 액체이다. 기체나 액체처럼 일정한 형상은 없고 유동성이 있는 물질을 '유체流體'라고 부르는데, 액체와 기체는 동일한 작용을 하는 경우가 있는가 하면 전혀 다른 성질을 갖기도 한다. 어떤 현상이나 생각하는 입장에 따라 여러 가지 측면에서 바라볼 수 있다.

이 책은 유체의 성질과 기본적인 작용뿐 아니라 생활에 이용되는 유체 기술까지 다루면서 폭 넓은 분야에 걸쳐 '유체공학'을 다룬다. 유체를 취급하려면 구체적인 예로 비행기가 어떤 원리로 하늘을 나는가에 대한 설명을 해야 한다. 이전에는 일반적인 설명 외에도 시대나 기술 환경이 변함에 따라 다방면에서 타당성을 갖는 별도의 다른 견해가 등장하여, 때로는 다른 것을 배척하는 논쟁거리를 제공하기도 했다. 이런 상황에서 이 책은 특정 이론이나 설명에 편중되지 않고 지식을 얻을 수 있도록 노력했다.

유체의 현상은 생활 속에서 많이 발견할 수 있다. 찻잔 속에 있는 뜨거운 물을 회전시키면 바닥에 가라앉은 찻잎이 가운데로 모인다. 세면대나 욕조에 채웠던 물을 배수시키면 소용돌이는 중심에 가까워질수록 속도가 증가하여 배수구로 빠져나간다. 이와 같은 생활 속의 경험도 유체의 성질을 밝히는 기본적이고 실험적인 현상이다. 경기용 수영복은 물속에서 서식하는 물고기의 원리를 적용하여 원단 재질과 표면 가공법에 대한 연구를 거듭했다. 고속열차는 신형 차량이 등장할 때마다 차량 앞부분의 형상이 평평하면서 길어지고 있다. 레이싱 카는 레이스의 안전성 확보를 위해 차량 규정이 매년 바뀐다. 이러한 사례들도 이 책을 읽어 나가면서 새롭게 보일 것이다.

부족하지만 저에게 집필할 수 있는 기회를 주고 미진한 원고를 출판하기까지 격려해주신 소프트뱅크 크리에이티브 과학서적 편집부의 나카우 후미노리님께 감사의 말씀을 올린다.

2011년 5월
고미네 다쓰오

Contents

머리말 ·· 5

제 1 장	유체의 성질을 배우다

001	어떤 형상으로든 자유자재로 변한다 **유체의 유동성** ················· 12
002	유동성을 이용한 **레미콘 차와 경합금 휠** ························· 14
003	자전거 타이어의 공기압 **압력은 왜 생기는 걸까?** ················· 16
004	압력의 단위 파스칼을 알자 **단위 기호는 Pa** ···················· 18
005	빨대로 마실 때 주스의 움직임 **압력에 대한 생각** ················· 20
006	무게부터 힘까지 **무게와 힘** ································· 22
007	공기와 물이 발생시키는 압력 **기압과 수압** ······················ 24
008	열을 가했을 때 팽창되지 않는 물과 팽창되는 공기 **열과 부피 변화** ··· 26
009	눌렀을 때 수축되지 않는 물과 수축되는 공기 **힘과 부피 변화** ······· 28
010	화재경보기와 가솔린 엔진 **부피 변화의 이용** ···················· 30
COLUMN	흔치 않은 베이퍼 로크 경험 ····························· 32

제 2 장	유체의 성질을 이용하다

011	물과 공기의 점도 차이 **점성** ································· 34
012	힘을 증폭시키는 편리한 구조 **파스칼의 원리** ···················· 36
013	자동차의 브레이크 장치 **파스칼의 원리를 응용** ················· 38
014	물체에 작용하는 유체의 힘 **부력** ····························· 40
015	물체가 뜨고 가라앉는 현상은 비중으로 결정된다 **비중과 부력** ······· 42
016	부력을 사용한 배의 엘리베이터 **갑문** ·························· 44
017	떨어지는 물방울은 공 모양 **표면장력** ·························· 46
018	표면장력과 공기의 힘 **물방울의 변형** ·························· 48
019	액체가 틈새로 스며드는 이유 **모세관현상과 젖음** ················ 50
020	액정 패널도 모세관현상 **모세관현상의 응용** ···················· 52

021   수평을 맞추는 고대로부터의 지혜 **수평면과 연통관** 54

022   주택 건축부터 캠핑까지 **수준기** 56

COLUMN   거침없이 물 위를 가르는 장뇌 보트 58

제 3 장   유체의 움직임을 배우다

023   배를 안정시키는 힘 **복원력과 모멘트** 60

024   동력을 사용하지 않는 분수의 구조 **높낮이 차이가 갖는 에너지** 62

025   떨어지는 물이 물을 빨아올린다 **사이펀** 64

026   액면에 작용하는 힘의 균형 **질점의 균형** 66

027   욕조의 소용돌이와 컵의 소용돌이 **자유 소용돌이와 강제 소용돌이** 68

028   소용돌이의 조합 **랭킨의 조합 소용돌이** 70

029   공기와 물의 흐름을 보기 위한 **유선** 72

030   사람이나 자동차도 유체와 동일한 움직임을 보인다 **흐름의 개념** 74

031   수도꼭지를 여는 정도와 물의 흐름 **층류와 난류** 76

032   물체의 형태가 낳는 저항력 **압력과 마찰** 78

033   공기의 여러 가지 저항력 **물체에 작용하는 항력** 80

034   흐름을 흐트러뜨려서 저항력을 감소시킨다 **박리와 소용돌이** 82

035   저온의 물속에서 발생하는 기포 **캐비테이션①** 84

036   '물거품'도 사용하기 나름 **캐비테이션②** 86

COLUMN   탄산음료와 캐비테이션 88

제 4 장   운동하는 유체를 배우다

037   가정의 수도 설비를 배워 보자 **물이 흐르는 양** 90

038   흐르는 양은 어디서나 똑같다 **연속의 식** 92

039   유체의 에너지 보존 법칙 **베르누이의 정리** 94

040   베르누이의 정리를 응용하다 **베르누이 효과①** 96

041	유체의 속도와 압력을 이용하다 **베르누이 효과②**	98
042	비행기와 자동차의 속도를 측정하다 **피토관**	100
043	압력계의 변화에서 속도 변화를 알다 **정압과 속도 수두**	102
044	에너지에는 반드시 손실이 있다 **손실 수두**	104
045	분출되는 물을 생각하다 **유선과 베르누이의 정리**	106
046	물의 흐름과 소방 설비 **압력 수두와 손실**	108
047	유체의 세기 **유체의 운동량**	110
048	호스로 물 뿌릴 때를 생각하다 **운동량 보존의 법칙**	112
049	호스로 세차할 때를 생각하다 **충돌하는 유체**	114
050	유체는 갑자기 멈추지 않는다 **수격작용**	116
COLUMN	병실에서 실감한 공기의 움직임	118

제 5 장 일상 속 현상과 유체의 움직임을 보다

051	구부러지는 유체와 압력 **유선곡률의 정리**	120
052	컵 속의 소용돌이를 생각하다 **2차 흐름**	122
053	면에 생기는 힘의 작용 **작용력과 반작용력**	124
054	기류 조작으로 쾌적한 공기조화 **코안다 효과**	126
055	유선곡률과 변화구 **마그누스 효과**	128
056	양력의 개념① **베르누이의 정리와 양력**	130
057	양력의 개념② **유선곡률의 정리와 양력**	132
058	양력의 개념③ **반작용력**	134
059	날개 표면의 흐름① **코안다 효과와 양력**	136
060	날개 표면의 흐름② **순환**	138
061	비행기 주변의 흐름 **순환 흐름과 순환**	140
062	유연한 흐름을 만들다 **박리와 소용돌이**	142
063	물체 뒷부분의 흐름 **카르만의 소용돌이열**	144
064	전선의 울림과 흔들리는 공 **소용돌이의 작용력**	146
065	소용돌이 진동과 소용돌이열의 방지법 **요철로 소용돌이를 방지**	148

066 　나선으로 대형 구조물을 지킨다　**긴 대교와 송전선** ·············· 150

067 　카르만 소용돌이열을 이용하다　**소용돌이열의 주파수** ·············· 152

COLUMN 　취미에서 발견한 형상과 흐름 ································· 154

제 6 장　유체 기계를 배우다

068 　유체에서 생각하는 플루이딕스　**유체논리소자** ·············· 156

069 　노즐과 센서　**유체발진자** ································· 158

070 　맨홀의 공기 밸브　**유체 압송법** ···················· 160

071 　하수를 내보내는 방법　**하수도 설비** ················ 162

072 　우물과 온천의 깊이　**수중 펌프** ···················· 164

073 　낮에는 발전, 밤에는 펌프　**수차와 펌프** ·············· 166

074 　거품을 사용한 양수 장치　**에어리프트 펌프** ·············· 168

075 　작은 공간에서 큰 힘을 만들다　**유압 기계** ·············· 170

COLUMN 　사적과 유체소자 ······································· 172

　참고 문헌 ··· 173

　색인 ··· 174

제 **1** 장

유체의 성질을 배우다

우리 주변에 있는 물이나 공기는 대표적인 유체이다.

물과 공기는 모두 용기의 형상에 따라 네모나게도 되고

둥그렇게도 되는 등 정해진 형상이 없다.

여기서는 이러한 유체의 기본적인 성질을 배워 보자.

어떤 형상으로든 자유자재로 변한다
유체의 유동성

물과 공기는 우리들이 가장 손쉽게 접할 수 있는 대표적인 **유체**流體다. 유체는 특유의 형상이 없기 때문에 어떤 모양의 용기에나 담을 수 있고, 바람이나 강물의 흐름과 같이 자유롭게 움직이는 **유동성**流動性이 있다. 그림 1과 같이 병 속에 물을 넣으면 용기 아랫부분에 물이 담기고, 보이지는 않지만 윗부분에는 공기가 채워진다. 이 병을 기울이면 물과 공기는 쉽게 형상을 바꾼다.

이와 같이 유동성이 있는 물질은 물이나 공기뿐만이 아니다. 모래시계의 모래는 가늘고 잘록한 부분을 지나 밑으로 솔솔솔 떨어진다. 마치 수도꼭지를 열고 닫으며 물이 흐르는 양을 조절하듯이 잘록한 부분이 굵으면 모래가 떨어지는 시간이 짧아지고 가늘면 길어진다. 이처럼 미세한 분체粉體는 유체와 마찬가지로 유동성을 가지고 있다. 생산 현장에서는 나사 같은 소형 부품에 진동을 가해 부품을 운반하는 **부품 공급 장치** Parts Feeder를 도입한다. 부품 공급 장치는 부품을 공급할 뿐만 아니라 여기저기 흩어져 있는 소형 부품에 진동을 가해 운반하는 동안 정렬시킨다는 특징이 있다. 이처럼 전체적으로 자유롭게 자세를 바꾸면서 이동하는 모습은 유체의 유동과 비슷하다.

진공청소기가 공기와 먼지를 함께 빨아들이면 청소기 내부에서 공기와 먼지가 혼합된 유체로부터 먼지를 분리한 후에 공기만 배출한다. 작은 쓰레기나 먼지처럼 미세한 물질을 하나하나 골라내는 작업은 번거롭지만 공기와 섞어서 유체와 같은 유동성을 갖게 하여 한 번에 이동시킬 수 있다.

가스탱크가스홀더는 공장에서 제조한 가스를 일시적으로 저장해 두고 이용자의 소비량에 맞춰 공급량을 조정하며 공급하는 역할을 한다. 유체가 유동성이 있으므로 가스를 어떤 용기에나 담을 수 있다는 점을 이용하여 가스탱크는 조정용 가스를 저장·보관한다.

Check!
- 미세한 고체 등의 유동물은 유체와 비슷하게 움직인다.
- 유체의 유동성이 운반이나 저장에 이용된다.

그림 1 　유체의 움직임

물과 공기는 경계면
을 공유한다.

공기
경계면
물

용기 속에 있는 물과 공기
는 자유롭게 형태를 바꾼다.

모래의 유동성

모래시계의 모래는 물과
같은 유동성이 있다.

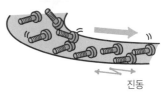

작은 나사

진동

소형 부품에 미세한 진동을 주어 정
렬시키면서 운반하는 부품 공급 장
치. 이 부품 공급 장치에서 소형 부품
은 유체와 같은 움직임을 보인다.

그림 2 　유체를 운반하거나 보관한다.

내부에서 먼지를
분리

먼지가 섞인
공기

공기만 배출

진공청소기는 호스 끝으로 공기와 함께 먼지를
빨아들이고 내부에서 먼지를 분리한 후 공기만
배출하는 원리로 청소를 한다. 공기와 혼합물
의 유동성을 이용한 것이다.

유체의 유동성을 이용하면 어떤 형
상의 용기에도 보관할 수 있다.

유체 중심으로 생각하면 사물
을 보는 눈이 달라진답니다.

용어
해설 　부품 공급 장치 : 진동을 이용하여 소형 부품을 공급한다.

13

유동성을 이용한
레미콘 차와 경합금 휠

'우리 생활 속에서 물이나 공기를 어떻게 이용할 수 있을까'라는 물음에서 유체를 취급하는 기술과 학문이 탄생했다. 그림 1은 고대 그리스의 수학자이자 물리학자인 아르키메데스기원전 287~212년의 공적 중 하나로, 나선에 관한 수학적 개념을 실용 기술과 공학방면에 응용한 **나사 펌프**의 예이다. 나사 펌프는 관 속에 나선 형태의 면으로 만들어진축을 회전시켜 나선형 면을 따라 물을 끌어올리는 장치로, 관개灌漑나 침수된 배에 물을 양수하는 등의 용도로 널리 사용된다. 에도시대의 사도킨잔佐渡金山, 니가타현 사도 섬에있는 금은 광산-역주에서는 구덩이의 물을 퍼올리는 데 '수상륜水上輪'이라는 도구를 사용했다. 이러한 나사 펌프는 현재도 스크류 컨베이어 형태로 유체와 다양한 유동물을 옮기는 데 사용되고 있다. 레미콘 차의 드럼 안쪽에는 나선 형태의 날개가 대각선으로 설치되어 있다. 운송 중에는 드럼을 회전시켜 레미콘이 분리되지 않도록 섞어 주고, 레미콘을 꺼낼 때는 드럼을 역회전 시키면서 날개의 나선면을 사용하여 배출한다.

금속은 상온에서는 고체지만 녹는점 이상으로 가열하여 용해시키면 액체가 되어유동성을 갖는다. 용융내열성이 있는 재료로 만든 속이 빈 틀에 용융溶融금속을 넣고응고시킨 후에 빼내면, 얼음틀에 얼음을 얼리는 것처럼 틀과 똑같은 형태의 제품을 만들 수 있다. 이처럼 유체의 유동성을 이용하여 복잡한 모양의 제품을 만드는 가공법을**주조**鑄造라고 한다.

그림 2와 같이 자동차용 경합금 휠은 용융금속에 압력을 가해 금속으로 만든 틀에주입하는 '다이캐스팅 주조법'으로 만든다. 이 방법으로 하나의 틀이 소모될 때까지 대량으로 생산할 수 있다. 쇠 주전자나 장식 공예품 등은 모래로 만든 주형鑄型에 용융금속을 붓고 응고시킨 후에 틀을 깨서 하나의 틀로 제품 한 개를 만드는 '주물사형鑄物砂型주조법'을 사용하고 있다.

Check!
- 나선형 면이 만드는 공간으로 유동물을 밀어낸다.
- 주조는 용융금속의 유동성을 이용한 가공법이다.

그림 1 스크류 컨베이어와 레미콘 차

ⓐ 스크류 컨베이어

유체, 분체, 슬러그 형태
고형물 등

회전

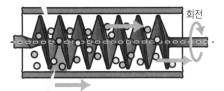

이 공간으로
이동시킨다.

튜브를 고정시키고 내부에서 나선 형태의
면으로 만들어진 축을 회전시켜 틈새로 들
어간 유동물을 이동시킨다.

ⓑ 레미콘 차(콘크리트 믹서차)

드럼   날개

드럼 안쪽에 나선 형태의 날개를 대각선으
로 설치하고 드럼을 회전시켜 레미콘을 섞
어 배출한다.

그림 2 딱딱한 금속도 녹이면 유체

ⓐ 다이캐스팅 주조법

제품

금속제품 주형

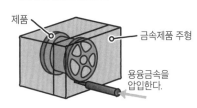

용융금속을
압입한다.

ⓑ 주물사형 주조법

용융금속을   주물사 주형
붓는다.   금형

제품

ⓒ 경합금 휠

용융금속이 응고
된 후에 주형을 분
할하여 제품을 꺼
낸다.

ⓓ 쇠 주전자

용융금속이 응고
된 후에 주물사 주
형을 깨뜨려 제품
을 꺼낸다.

용어
해설

경합금 : 마그네슘이나 알루미늄에 다른 금속을 넣어 섞은 가볍고 강한 금속
주형 : 녹인 금속을 부어 주물을 만드는 틀. 모래나 금속 등으로 만든다.

자전거 타이어의 공기압
압력은 왜 생기는 걸까?

자전거 페달이 무거워져서 경쾌하게 달릴 수가 없을 때, 타이어를 손으로 눌러 보면 공기가 빠져서 물렁물렁했던 경험이 있을 것이다. 감소한 공기를 공기 주입기로 보충하면 다시 쾌적하게 달릴 수 있다. 이때 공기를 어느 정도 넣어야 할까? 그림 1과 같이 '엄지손가락으로 눌렀을 때 빵빵하다고 느낄 정도'일까? 자전거 타이어를 자세히 보면 타이어 옆면에 적힌 타이어 사이즈 외에 '적정 공기압'이라는 표시가 있다. 일반 타이어에는 300 kPa킬로파스칼 정도의 값이 지정되어 있다. 이 값을 정확하게 알려면 **압력계가** 필요하다. 압력계가 없을 때는 '손가락으로 눌렀을 때 빵빵'한 느낌이 도움이 된다. 그러나 공기압이 너무 높으면 노면의 요철을 지나갈 때 덜컹거리며 크게 요동을 치기 때문에 지나치게 압력을 높이지 않도록 주의해야 한다. 타이어 공기압은 일반 자전거의 경우, 타이어 안에 있는 튜브의 압력이다. 공기를 넣으면 튜브는 딱딱한 타이어 안에서 부풀어 오르는데, 튜브가 타이어 안에서 완전히 부풀면 타이어에 눌려 더 이상 팽창할 수가 없다. 이때부터 튜브의 압력이 높아진다.

그림 2와 같이 타이어에서 빼낸 튜브에 공기를 넣으면 튜브가 점점 크게 부풀어 오른다. 충분히 부풀어 올라 웬만큼 딱딱해졌다고 생각해서 눌러봤지만 폭신폭신하고 물렁한 상태 그대로다. 왜 그럴까? 타이어가 없는 상태에서 튜브에 공기를 넣으면 부풀어 오르려고 하는 튜브를 억누르는 힘은 튜브 고무 자체가 수축되는 힘밖에 없기 때문에 그다지 크지 않다. 그래서 튜브는 폭신폭신하게 부풀고 마는 것이다. 타이어가 빵빵하게 딱딱해지는 이유는 튜브의 팽창이 타이어로 인해 억제되기 때문이고, 일정 부피의 튜브 내에 많은 공기가 들어가서 높은 압력이 생기기 때문이다.

Check!
- 억눌렀을 때 압력이 생긴다.
- 타이어가 단단한 이유는 타이어가 튜브의 팽창을 억제하기 때문이다.

그림 1　자전거의 승차감은 타이어를 통해 느낄 수 있다.

엄지손가락으로 눌렀을 때 빵빵하다.

적정 공기압 300 kPa

300 kPa

압력계

자전거 승차감은 타이어의 공기압에 따라 크게 바뀐다. 적정 공기압을 정확하게 알려면 압력계가 필요하다.

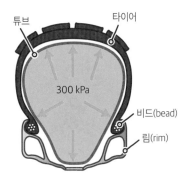

튜브

타이어

300 kPa

비드(bead)

림(rim)

타이어의 공기압은 타이어 안에 있는 튜브의 압력이다. 튜브는 타이어에 억눌려 부풀어 오를 수가 없다.

그림 2　억누르지 않으면 압력은 올라가지 않는다.

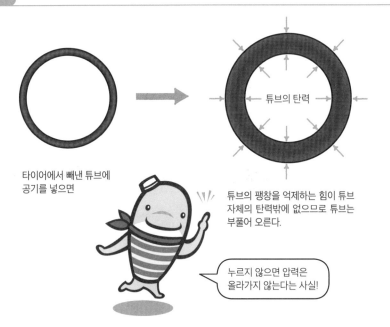

타이어에서 빼낸 튜브에 공기를 넣으면

튜브의 탄력

튜브의 팽창을 억제하는 힘이 튜브 자체의 탄력밖에 없으므로 튜브는 부풀어 오른다.

누르지 않으면 압력은 올라가지 않는다는 사실!

용어
해설

림 : 자동차, 자전거 등에 타이어를 장착하는 고리 형태의 부품

비드 : 림에 타이어를 장착할 때 거는 부분

17

압력의 단위 파스칼을 알자
단위 기호는 Pa

'단위 면적에 작용하는 힘의 크기'가 압력의 정의다. 공학에서 면적은 m², 힘은 N, 압력은 Pa이라는 단위로 표시하고, 각각 제곱미터, 뉴턴, 파스칼이라고 읽는다. 1 m²는 가로세로가 1 m일 때의 넓이다. 그러면 1 N의 힘이란 어느 정도일까? 힘의 크기는 kg이 아니라는 사실에 주의하자.

그림 1과 같이 1 N의 힘은 질량이 1 kg인 물체에 1 m/s²의 가속도 변화를 주는 힘으로 정의된다. 금방 이해하기 어려울 때는 물 1리터로 생각해 보자. 물 1리터가 무게 1 kg일 때 중력가속도 9.8m/s²가 작용하여 9.8 N의 힘으로 지구에서 끌어당기는데 이 힘을 버티는 데 필요한 힘은 9.8 N, 거의 10 N이라고 생각해도 된다. 그렇다는 것은 1 N의 힘은 대략 물 1리터의 1/10, 즉 0.1리터가 되고 정확하게는 0.10204리터이므로 거의 반 컵 분량의 물을 드는 데 필요한 힘이다.

면적 1 m²에 힘 1 N이 작용했을 때의 압력이 1 Pa이다. 압력은 두 물체의 접촉면에서 서로 수직으로 밀어내는 힘이다. 실제로는 존재하지 않지만 그림 2와 같이 질량을 무시한 면적 1 m²의 튼튼한 판이 바닥 위에 있다고 가정하자. 이 판 위에 102.04밀리리터의 물을 올려놓았을 때 판과 바닥의 접촉면에서 서로를 밀어내는 압력이 1 Pa의 크기다. 또한 바닥 면적이 1 m²인 용기에 균등하게 0.10204 mm 두께의 물을 담아 놓을 수 있다면 물의 부피는 102.04밀리리터이고 이 용기의 바닥에 1 Pa의 압력이 생긴다. 힘을 받은 면이 항상 1 m²일 수는 없으므로 압력 P[Pa]은 가해진 힘을 F[N], 힘을 받는 면적을 A[m²]라고 한다면 $P = F/A$와 같은 식으로 구한다.

Check!
⊙ 힘의 단위는 N(뉴턴), 압력의 단위는 Pa(파스칼)이다.
⊙ 압력은 가한 힘을, 힘을 받는 면적으로 나눈 값이다.

그림 1　힘의 크기는 뉴턴으로 나타낸다.

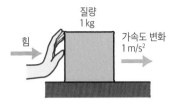

질량
1 kg

힘

가속도 변화
1 m/s²

힘 = 질량 × 가속도 변화
1뉴턴 = 1킬로그램 × 1미터/초²
1 N = 1 kg·m/s²

물체의 운동 상태를 변화시키거나 떨어지려고 하는 물체를 잡는 등 물체의 자연 상태를 변화시키는 것이 힘이다.

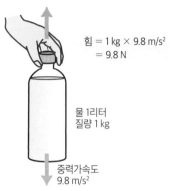

힘 = 1 kg × 9.8 m/s²
　 = 9.8 N

물 1리터
질량 1 kg

중력가속도
9.8 m/s²

대략 물 1리터를 드는 데 필요한
힘이 약 10뉴턴이다.

그림 2　압력의 크기

1 N의 힘을 갖는 무게는 0.10204 kg.
물의 부피로는 102.04 mℓ

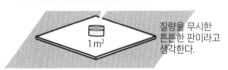

질량을 무시한
튼튼한 판이라고
생각한다.

1 m²

바닥면적이 1 m²이고
1 N의 힘이 생기는 물의 높이는
0.10204 mm

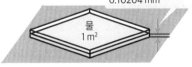

물
1 m²

1m²에 1 N의 힘이 작용했을 때의
압력이 1 Pa

힘을 받는
면적 A[m²]

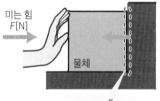

미는 힘
F[N]

물체

압력 $P = \dfrac{F}{A}$ [Pa]

힘을 받는 면적이 1 m²뿐이라고 볼 수 없다.
압력의 크기는 작용한 힘을, 힘이 작용하는
면적으로 나누어 표시한다.

용어
해설　중력가속도 : 지구의 중력으로 물체가 자유 낙하할 때의 가속도

빨대로 마실 때 주스의 움직임
압력에 대한 생각

그림 1과 같이 1 m 길이 정도의 시험관을 수은이 담긴 용기에 넣고 입구 쪽에 공기가 들어가지 않도록 시험관 바닥 쪽을 들어 올려보자. 시험관 안에 있는 수은의 무게와 대기의 압력에 의한 힘이 균형을 이루는 높이까지 수은이 내려가면서 시험관 윗부분에는 아무 것도 없는 진공의 공간이 생긴다. 이것을 **토리첼리**Torricelli**의 진공**이라고 한다. 진공이란 어떤 물질도 없는 상태를 말하는데 엄밀히 따지면 이 부분에는 수은의 증기가 있기 때문에 완전한 진공은 아니다. 수은기둥의 수직 높이가 760 mm가 되는 대기의 압력을 표준 기압1기압이라고 하고 수은의 화학 기호를 사용하여 760 mmHg라고 표기한다. 수은 대신에 물을 사용하면 물기둥의 높이는 약 10 m이다.

공학에서 다루는 압력에는 그림 2와 같이 절대 진공을 기준 압력으로 하여 생각한 **절대 압력**絕對壓力과 측정하는 장소의 대기압을 기준 압력으로 한 **게이지 압력**Gauge壓力이 있다. **절대 진공**은 실제로는 존재하지 않는 이론적 개념이며, 실제로 측정할 수 있는 자전거 타이어의 공기압 등은 대기압과의 차이를 측정하는 게이지 압력이다. 유체는 압력이 높은 쪽에서 낮은 쪽으로 이동한다. 압력이 높다, 낮다는 표현은 상대적이므로 유체가 압력 차이를 보일 때 임의의 압력을 기준으로 정하고 그보다 높은 압력을 **정압**正壓, 낮은 압력을 **부압**負壓이라고 한다. 대기압을 기준으로 했을 때 대기압보다 낮은 압력을 일반적으로 **진공**이라고도 한다. 자전거 타이어에 공기를 넣으려면 타이어 압력보다 공기 주입기의 압력이 정압이 되어야 한다. 공기 주입기를 누르기 시작하면서부터 얼마 지나지 않아 펌프의 압력이 높아질 때쯤에 공기가 들어가는 것을 느낄 수 있다. 우리가 빨대로 주스를 마실 때는 무의식 중에 입을 오므리고 빨아들이는 동작을 한다. 이때 우리 입 속의 압력은 대기압보다 낮은 부압진공이 되기 때문에 압력이 높은 대기가 주스를 밀어 올리는 것이라고 생각할 수 있다.

Check!
- 일상생활 속의 기준 압력 대부분은 대기압이다.
- 유체는 압력이 높은 쪽에서 낮은 쪽으로 이동한다.

그림 1 토리첼리의 진공

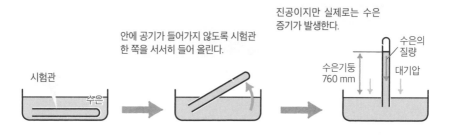

안에 공기가 들어가지 않도록 시험관
한 쪽을 서서히 들어 올린다.

진공이지만 실제로는 수은
증기가 발생한다.

시험관

수은

수은의
질량

대기압

수은기둥
760 mm

그림 2 압력에 대한 여러 가지 개념

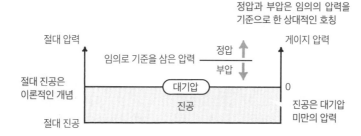

정압과 부압은 임의의 압력을
기준으로 한 상대적인 호칭

절대 압력

게이지 압력

임의로 기준을 삼은 압력

정압

부압

절대 진공은
이론적인 개념

대기압

0

진공

진공은 대기압
미만의 압력

절대 진공

공기 주입기가 만드는 압력이 타이어의
압력보다 높을 때 공기가 들어간다.

부압

대기압

입으로 빨면 입 속에는 대기압보다 낮은 부압이 생긴다.
주스를 빨아들이는 것은 대기압이 주스를 밀어 올리는
것이라고도 생각할 수 있다.

용어
해설

토리첼리 : 에반젤리스타 토리첼리(Evangelista Torricelli, 1608~1647년). 이탈리아의 과학자
수은기둥의 높이 : mmHg로 나타낸다. 혈압계의 단위로 사용이 인정되었다.

무게부터 힘까지
무게와 힘

유체는 물질의 덩어리이므로 **질량**質量이 있다. 물체가 현재 상태를 유지하려고 하는 성질을 **관성**慣性이라고 하며, 변화에 대한 관성의 크기를 나타내는 양을 질량이라고 한다. 유체의 종류와 전체량이 다르면 질량은 다르기 때문에 유체의 성질을 생각할 때는 단위 부피당 질량을 나타내는 **밀도**密度를 사용한다. 이 책에서 유체의 운동을 생각할 때 유체를 작은 입자의 덩어리로 보는 경우가 있다. 종류가 다른 유체의 입자를 그림 1의 딱딱한 야구공과 쇠구슬을 예로 들어 질량과 밀도를 배워 보자. 같은 부피를 가진 두 개의 구체를 저울에 올려놓으면 질량이 큰 쇠구슬이 내려 앉는다. 이것은 각 구체의 질량에 대해 중력가속도가 작용하여 지구가 끌어당기는 작용이 발생하기 때문이다. 이때 질량을 부피로 나누어 단위 부피당 질량으로 수량적인 표시를 한 양을 밀도라고 하며, 크기에 상관없이 두 물체의 운동과 관계하는 특성을 나타낸다. 질량의 단위에는 kg, 밀도의 단위에는 kg/m³을 사용한다.

그림 2와 같이 로프에 매단 물체에 중력가속도가 작용하면 질량과 중력가속도를 곱한 값과 같은 크기의 힘으로 지구가 물체를 끌어당기는 작용이 발생한다. 이것을 무게, 중량 등으로 부른다. 물체를 매단 로프에는 자연스럽게 떨어지려고 하는 물체의 운동을 멈추게 하는 작용이 발생한다. 물체의 운동 상태에 변화를 주는 작용을 **힘**이라고 한다. 물체의 무게는 아랫방향으로, 로프 내부에 발생하는 힘은 윗방향으로 발생하여 물체는 정지한다. 사람이나 기계나 유체가 내는 힘은 정지된 물체를 움직이거나, 움직이는 물체의 상태를 바꾸려는 작용을 한다. 중력가속도의 단위는 m/s²이므로 무게와 힘의 단위는 kg·m/s²이고 이것을 압력의 단위 Pa에서 설명한 N이라는 단위로 표시한다.

Check!
◎ 질량은 변화에 대한 저항력(관성)의 크기를 나타내는 양이다.
◎ 힘은 물체의 운동 상태에 변화를 준다.

그림 1 　질량과 밀도

딱딱한 야구공　**쇠구슬**

질량(무게)

질량(무게)

같은 크기의 딱딱한 야구공과 쇠구슬을 저울에 올려놓으면 쇠구슬의 질량이 크기 때문에 내려앉는다.

딱딱한 야구공의 규격은
지름 = 72.9~74.8 mm
질량 = 141.7~148.8 g
그러므로
밀도는 약 700 kg/m³

순철의 밀도는
7874 kg/m³

'밀도 = 단위 부피당 질량'으로 나타내면 크기가 다른 물체를 비교할 수 있다. 공학에서는 질량 kg, 부피m³를 사용한다.

그림 2 　무게와 힘

힘

질량

중력가속도

무게
= 질량 × 중력가속도
= 지구가 잡아당기는 힘

물체의 질량에 중력가속도가 작용하여 무게, 즉 지구가 물체를 잡아당기는 힘이 발생한다. 로프에 물체를 매달면 떨어지려고 하는 물체를 잡아주기 때문에 로프에 반대 방향으로 같은 크기의 힘이 생긴다.

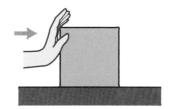

접촉면의 미끄러지는 정도에 관계없이 물체를 미는 힘은 물체의 상태를 변화시키려고 한다.

무게와 힘의 단위는
질량(kg) × 중력가속도(m/s²)에서 kg·m/s²
이를 유도 단위라고 하고 뉴턴(N)으로 표기한다.

용어
해설　유도 단위(誘導單位) : 기본단위를 곱하거나 나누어서 만들어진 단위

공기와 물이 발생시키는 압력
기압과 수압

일상생활에서 공기의 무게를 체감할 기회는 적지만 공기에도 질량이 있다. 자전거를 타고 속도를 내면 속도가 빨라짐에 따라 바람의 영향이 강해져 일반적으로 말하는 **풍압風壓**이 높아진다. 풍압이 높아지는 이유는 공기 속을 달릴 때 질량을 갖는 공기가 우리 몸과 부딪혀 피부로 느껴지는 압력을 일으키기 때문이다. 공기는 그림 1과 같이 표준 기압일 때, 0℃에서 1.293 kg/m³, 20℃에서 1.205 kg/m³의 밀도를 갖는다. 공기 속에서 수평면이라고 가정했을 때, 단위 면적 윗부분에 있는 모든 공기를 합한 무게가 그 위치에서의 압력이 되고 이를 **기압**대기압이라고 한다. 기압은 장소에 따라 달라지는데 진공을 기준으로 한 절대 압력에서 '101.325 kPa = 1013.25 hPa헥토파스칼'을 **표준 기압標準氣壓**, 1기압이라고 정한다. 표고가 높아질수록 윗부분의 공기가 줄어들고 밀도가 작아지므로 기압은 감소한다.

그림 2와 같이 수면으로부터 물속 임의의 깊이에서 수평을 이루는 단위 면적을 생각하면, 그 윗부분에 있는 모든 물을 합한 무게가 압력이 되고 이를 **수압水壓**이라고 한다. 깊이가 달라도 물의 밀도가 거의 일정하다고 생각하면 물속에서 임의로 생각한 수평면부터 윗부분의 물의 무게는 수심에 비례하므로 수압이 수심에 비례하여 '수압 = 물의 밀도 × 중력가속도 × 수심'으로 구할 수 있다. 물의 밀도는 4℃를 최대로 하여 온도에 따라 달라지는데 실용적인 계산상으로는 1000 kg/m³라고 생각한다. 앞에서 말한 수압 계산에서 '밀도 × 중력가속도'는 '단위 부피당 무게'가 되므로 이를 **비중량比重量**이라고 한다. 비중량의 단위는 N/m³이다. 실용상 중력가속도는 일정값으로 취급하기 때문에 유체의 비중량은 유체의 종류에 따라 정해진 값을 갖는다. 비중량을 사용하면 물속 압력은 '비중량 × 수심'으로 나타낼 수 있다.

Check!
- 기상용어인 기압의 단위는 hPa(헥토파스칼)이다.
- 물의 밀도는 실용상 거의 일정하다고 생각한다.

그림 1　기압

a 공기의 밀도

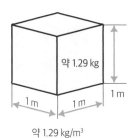

약 1.29 kg/m³

b 대기의 압력은 공기의 무게

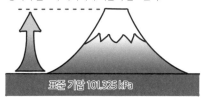

표고가 높아지면서 윗부분의 공기가 줄어들고
공기의 밀도가 작아져서 기압이 감소한다.

표준 기압 101.325 kPa

공학에서는 큰 수치의 자릿수를 나타내는 접두어로 1000배당 k(킬로) = 1000배,
M(메가) = 1000 × 1000배를 사용하여 100 kPa, 0.1 MPa 등으로 말한다.
기상 용어에서는 h(헥토) = 100배를 사용하여 100 kPa을 1000 hPa로 나타낸다.

그림 2　수압

a 물속에서의 압력 P는 수심으로 결정된다.

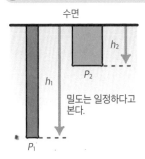

밀도는 일정하다고
본다.

b 물의 실용 계산상 밀도

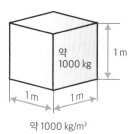

약 1000 kg/m³

압력 P는 '밀도 × 중력가속도 × 수심'이며 면적에 관계없이 결정된다.
각각의 깊이에서 수평면에 발생하는 전압력은 '면적 × 압력'이 된다.

용어
해설

hPa(헥토파스칼) : h(헥토)는 100배이므로 1 hPa = 100Pa로 환산된다.
표준 기압 : 실제 대기의 평균에 가까운 값을 표준값으로 하여 1013.25 hPa을 1기압이라고 한다.

열을 가했을 때 팽창되지 않는 물과 팽창되는 공기
열과 부피 변화

액체와 기체는 열을 가했을 때 부피가 변화하는 모습이 크게 다르다. 그림 1과 같이 두 개의 페트병을 준비하고 용기 A에는 입구까지 고온의 물을 붓고 용기 B에는 같은 온도의 물을 절반 정도만 넣은 후 두 페트병을 잘 흔들어 용기의 온도를 균일하게 만든다. 그러면 용기 A는 거의 형태가 변하지 않지만 용기 B는 팽창하여 부풀어 오른다. 다음에 두 용기 안의 물을 상온까지 냉각시키면, 용기 A는 거의 형태가 변하지 않지만 용기 B는 수축되어 쪼그라든다.

용기 A를 공기가 거의 들어가지 않도록 밀봉할 수 있다면, 용기에 들어간 고온의 물은 흔들어 놓았을 뿐이므로 부피 변화는 거의 일어나지 않는다. 용기 B는 아래 절반은 고온의 물, 위 절반은 공기를 담았으므로 용기를 흔들어 온도를 똑같게 만들면 공기가 고온수와 같은 온도로 가열되어 팽창하기 때문에 용기가 부풀어 오른다. 다음에 두 용기를 냉각시킨 경우, 용기 A는 대부분의 고온수를 상온으로 되돌리는 것뿐이므로 처음과 똑같이 부피 변화는 거의 일어나지 않는다. 용기 B는 팽창되었던 고온의 공기를 냉각시켰기 때문에 처음의 따뜻해진 공기의 부피보다 작아져 용기가 쪼그라든다. 이처럼 두 용기에서 부피 변화의 차이를 보이는 원인은 A는 액체만 들어 있어서 온도 변화로 인한 부피 변화가 적었고, B는 기체가 온도 변화로 인해 부피 변화가 크게 발생했기 때문이다.

그림 2와 같이 액체가 채워진 관로管路에 국부적으로 과열이 일어나 액체 속에 함유된 기체가 팽창하여 기포를 만드는 경우가 있다. 이 기포가 관로를 막을 때까지 성장하면 관로에 압력을 가해도 기포가 수축하기만 하고 압력이 전달되지 않는 이상현상이 발생하는 경우가 있다. 이런 현상을 **베이퍼 로크**Vapor Lock라고 하는데, 고온 고압의 액체에서 발생하며 유체 기기에는 바람직하지 않은 현상이다.

Check!
◉ 빈 페트병을 욕조에 넣었을 때도 용기가 팽창되는 모습을 볼 수 있다.
◉ 베이퍼 로크는 고온 고압의 액체 관로를 기포가 막아 버리는 현상이다.

그림 1 열과 부피 변화

ⓐ 용기 A는 고온수로 채운다.

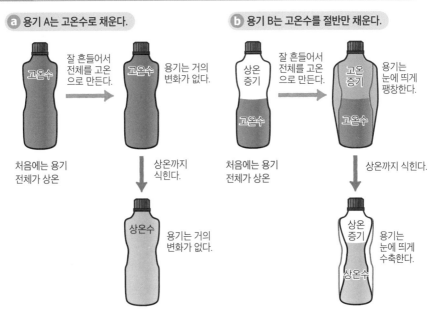

잘 흔들어서 전체를 고온으로 만든다.

용기는 거의 변화가 없다.

처음에는 용기 전체가 상온

상온까지 식힌다.

용기는 거의 변화가 없다.

ⓑ 용기 B는 고온수를 절반만 채운다.

잘 흔들어서 전체를 고온으로 만든다.

용기는 눈에 띄게 팽창한다.

처음에는 용기 전체가 상온

상온까지 식힌다.

용기는 눈에 띄게 수축한다.

그림 2 베이퍼 로크

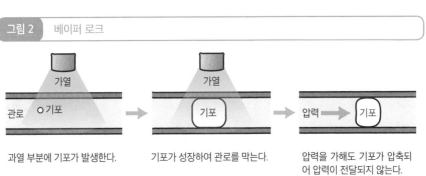

과열 부분에 기포가 발생한다.

기포가 성장하여 관로를 막는다.

압력을 가해도 기포가 압축되어 압력이 전달되지 않는다.

 용어 해설 베이퍼 로크 : vapor는 증기를 뜻한다.

눌렀을 때 수축되지 않는 물과 수축되는 공기
힘과 부피 변화

액체와 기체는 열과 마찬가지로 힘을 받았을 때 부피가 변화하는 모습도 크게 다르다. 그림 1과 같이 실린더와 피스톤으로 밀폐된 주사기에 물을 넣고 피스톤을 눌러도 피스톤은 거의 움직이지 않고 고체에 힘을 가했을 때와 같이 실린더 내부에 있는 물의 압력이 상승한다. 반대로 피스톤을 당겨도 피스톤은 움직이지 않고 물의 압력이 내려간다. 다음에 같은 주사기에 공기를 넣고 피스톤을 누르면 피스톤은 쉽게 움직이고 실린더 내부의 공기는 압축되어 압력이 높아진다. 반대로 피스톤을 당기면 공기는 팽창하여 압력이 낮아진다. 물 등의 액체는 부피 변화가 거의 없는 **비압축성**非壓縮性 **유체**이고, 공기 등의 기체는 부피 변화가 쉽게 일어나는 **압축성**壓縮性 **유체**이다.

외통外筒인 실린더와 실린더 내부를 자유롭게 미끄러지는 피스톤을 조합하여 기계적인 운동을 유체 운동으로 변환하거나, 유체의 운동 변화로부터 기계적인 힘이나 운동을 이끌어내는 장치를 **실린더 장치**라고 한다. 그림 2의 **ⓐ**와 같이 실린더의 앞쪽 끝과 뒤쪽 끝에 있는 포트에 압력을 갖는 작동유를 넣고 빼면서 피스톤을 앞뒤로 이동시키는 장치를 유압 실린더라고 한다. 실린더 뒤쪽 끝에 있는 포트에 작동유를 공급하고 앞쪽 끝 포트에서 배출시키면 실린더는 전진하고, 공급과 배출을 반대로 하면 실린더가 후진한다. 작동유 대신 압축 공기로도 같은 동작을 시킬 수 있지만 비압축성 유체인 액체가 더 큰 힘을 만들어 낼 수 있다. **ⓑ**는 유압 실린더가 만들어내는 큰 힘을 이용하여 바구니를 상승 또는 하강시키는 유압식 엘리베이터 그림이다. 플런저Plunger는 피스톤 등의 누름 봉을 말하고 로프 풀리Sheave, 도르래를 사용하여 바구니 옆에 유압 실린더를 설치했기 때문에 사이드 플런저형이라고 부른다. 그림과 같은 예에서는 플런저피스톤 이동 거리의 두 배에 해당하는 이동 거리로 바구니를 이동시킬 수 있다.

Check!
- ◎ 실린더 장치는 유체 운동과 기계적 운동을 서로 교환한다.
- ◎ 액체는 압력을 높여서 큰 힘을 취급할 수 있다.

그림 1   유체의 압축성

a 밀폐한 액체에 힘을 가하는 경우

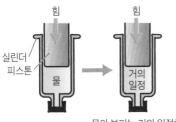

물의 부피는 거의 일정하고
압력이 상승한다.

b 밀폐한 기체에 힘을 가하는 경우

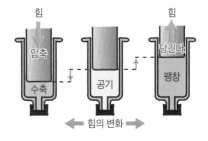

그림 2   유압식 엘리베이터

a 유압 실린더

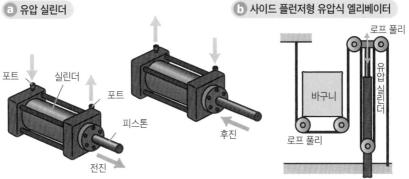

b 사이드 플런저형 유압식 엘리베이터

c 피스톤 내부

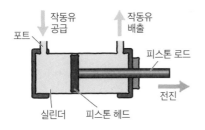

실린더 내부는 피스톤 헤드로 공간을 두 개로
나누며 뒤쪽 끝 포트에 작동유를 공급하면 앞
쪽 끝 포트에서 작동유가 배출되어 전진하고
피스톤을 후진시키려면 작동유의 흐름을 반
대로 한 후 압력을 가해 순환시킨다.

용어
해설

실린더와 피스톤 : 실린더는 외통, 피스톤은 실린더 내부를 왕복하는 통이다.
로프 풀리 : 로프로 감아올리는 기기에 사용하는 도르래의 호칭이다.

화재경보기와 가솔린 엔진
부피 변화의 이용

2004년 6월에 일본 소방법이 개정되어 2011년 6월 1일까지 모든 주택에 화재경보기 설치가 의무화되었다. 그림 1은 부엌의 열을 감지하는 차동식 화재경보기 감지 부분으로 급격한 온도 상승을 감지한 경우에 화재를 알린다. 열 감지 부분은 다이어프램으로 공간을 나누고, 감열실感熱室과 윗부분의 공기실을 작은 리크Leak 구멍으로 연결한 간단한 구조이다. 온도 상승이 완만할 때는 감열실의 공기가 천천히 팽창하여 리크 구멍을 통과해 상부의 공기실로 빠져나가기 때문에 다이어프램은 변형되지 않는다. 화재가 났을 때 급격한 온도 상승으로 감열실의 공기가 빠르게 팽창하면 다이어프램이 변형되어 접점이 닫히고 경보를 울린다.

자동차 엔진은 공기와 미세한 안개 상태의 연료를 섞은 혼합기체混合氣體를 실린더와 피스톤으로 만든 밀폐된 용기 속에서 연소시켜 출력을 만들어내는 **내연기관**內燃機關의 일종이다. 그림 2는 가솔린을 연료로 한 혼합기체가 연소될 때 기체의 팽창 변화로부터 기계적인 회전 운동을 만들어내는 4사이클 가솔린 엔진의 동작이다. 기본 구성은 밀폐 용기를 만든 실린더와 피스톤, 혼합기체의 흡기와 배기를 구분하는 밸브, 피스톤의 왕복 운동과 회전 운동을 서로 교환하는 커넥팅 로드Connecting Rod와 크랭크Crank로 이루어져 있다. ⓐ 엔진에 시동을 걸 때는 시동 모터 등으로 크랭크를 회전시켜 피스톤을 끌어내려 실린더 안으로 공기와 연료의 혼합기체를 빨아들인다. ⓑ 다음으로 피스톤을 밀어 올려 실린더 부피를 수축시킨다. ⓒ 불꽃으로 연료에 불을 붙이면 수축된 혼합기체가 연소열로 팽창하여 피스톤을 누른다. 이때 크랭크에서 동력이 만들어진다. ⓓ 연소가 끝난 기체를 실린더 외부로 배출하며 이것이 배기가스가 된다. 이후 ⓐ 사이클부터 반복된다. 4행정行程, 실린더 안에서 피스톤이 왕복하는 거리-역주에 한 번 출력을 얻기 때문에 4사이클 엔진이라고 부른다.

Check!
⊙ 차동식 화재경보기는 급격한 공기 팽창으로 화재를 감지한다.
⊙ 엔진은 연료를 연소시켜 연소가스의 부피 팽창 행정으로 출력을 높인다.

그림 1   차동식 화재경보기

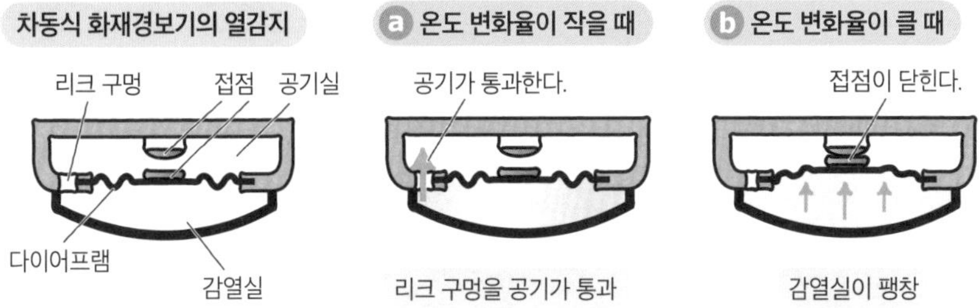

차동식 화재경보기의 열감지

리크 구멍   접점   공기실

다이어프램

감열실

감지 부분의 포인트는 나뉘어진 두 공간과 이를 연결하는 리크 구멍이다.

ⓐ 온도 변화율이 작을 때

공기가 통과한다.

리크 구멍을 공기가 통과

천천히 팽창하는 공기는 리크 구멍을 통과한다.

ⓑ 온도 변화율이 클 때

접점이 닫힌다.

감열실이 팽창

급격하게 팽창하는 공기가 다이어프램을 변형시켜 접점을 닫는다.

그림 2   4사이클 가솔린 엔진

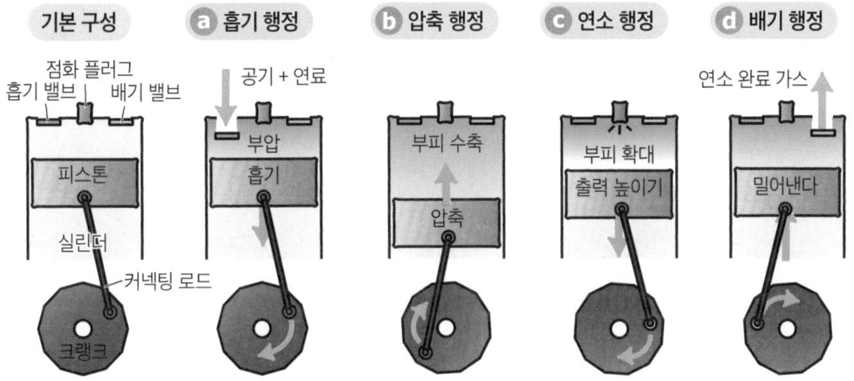

기본 구성

점화 플러그
흡기 밸브 | 배기 밸브

피스톤

실린더

커넥팅 로드

크랭크

엔진의 기본 구성은 연소 부분과 운동 변화 부분이다.

ⓐ 흡기 행정

공기 + 연료

부압

흡기

시동 모터나 크랭크의 회전력으로 피스톤을 움직여 연료 혼합기체를 흡기, 압축한다.

ⓑ 압축 행정

부피 수축

압축

ⓒ 연소 행정

부피 확대

출력 높이기

연료가 연소되어 크랭크에서 출력이 높아진다.

ⓓ 배기 행정

연소 완료 가스

밀어낸다

연소된 가스를 밀어낸다.

용어 해설

다이어프램 : 압력 변화에 따라 변형되는 격막판

커넥팅 로드 : Connecting rod, 연결봉

흔치 않은 베이퍼 로크 경험

베이퍼 로크는 자동차 브레이크 시스템이나 냉각 계통 등에서 많이 발생하는 현상이다. 하지만 시가지를 주행할 때 브레이크 계통의 베이퍼 로크를 체험하는 경우는 거의 없다고 생각한다. 지금부터 30여 년 전, 업무상 출장으로 떠난 한 여름의 도호쿠 지방 하치만타이(八幡平) 아스피테 라인(이와테 현부터 아키타 현까지 하치만타이를 횡단하는 산악 도로-역주)에서 겪었던 일이 내가 경험한 베이퍼 로크 현상이었다.

내가 운전하는 차가 아스피테 라인 주차장에 도착했을 때, 띄엄띄엄 정차된 차들 가운데 경차 한 대를 두 사람이 난처한 표정으로 바라보고 있었다. 이야기를 들어보니 고개를 오를 때 엔진이 고장 나서 이곳 주차장까지 겨우 끌고 왔다고 한다. 시동 모터를 돌려도 연료를 빨아들이는 기미가 없었다. 자초지종을 들어보니 엔진에 무리가 가는 데도 에어컨을 계속 틀고 와서 엔진룸도 꽤 뜨거워져 있었다.

당시의 자동차 연료 계통은 기계식 기화기(Carburetor)였기 때문에 내 차에 있던 타월 여러 개를 물에 적신 후 연료 계통 주변을 감아 잠시 냉각시킨 다음에 시동을 걸자 엔진시동이 걸리고 아이들링이 안정을 되찾았다.

일반적으로 오버 히트는 냉각 계통의 '과열'이라는 의미로 사용되는데 이 사례는 연료 계통의 오버 히트로 베이퍼 로크를 발생시킨 것으로 보인다.

훨씬 예전에 하코네 턴파이크의 긴급 대피소로 들어 온 자동차가 있었는데 베이퍼 로크였는지도 몰라.

유체의 성질을 이용하다

물과 공기는 똑같은 성질과

완전히 다른 성질을 가지고 있다.

제2장에서는 우리 주변에서 이용되고 있는

유체를 사용한 여러 가지 장치와 기계에서

유체의 성질을 배워 보자.

물과 공기의 점도 차이
점성

우리가 강한 바람을 맞거나 자전거로 바람을 가르며 달리면서 공기의 저항을 느낄 때는 있어도 평소에 공기가 걸리적거린다고 느끼는 경우는 거의 없다. 한편, 수영장이나 욕조 등 물속에서 몸을 움직이려고 할 때는 물의 저항을 체감할 수 있다.

그림 1과 같이 공기만 들어있는 빈 용기에 손을 넣고 휘저어도 공기의 저항을 느끼지 않지만, 물을 넣고 손을 움직이면 물의 저항을 느낀다. 숟가락으로 꿀을 뜨면 끈끈한 무게를 느낄 수 있는데 같은 숟가락으로 물을 뜨면 끈적끈적한 느낌은 없다. 그 차이는 유체가 갖는 **점성**粘性이 원인이며, 점성을 수치화한 개념을 **점도**粘度, 점성계수라고 한다. 유체의 운동으로 발생하는 저항력은 점도에 비례한다.

물의 점도는 0℃에서 공기의 약 100배, 20℃에서 약 60배의 값을 가지며, 꿀의 점도는 물의 5000~6000배 정도의 크기를 갖는다. 운동 중인 유체의 점도를 **동점도**動粘度, 동점성계수라고 하며 정지 중인 점도보다 작은 값을 갖는다. 기계 부품이 서로 밀착된 부분에서 발생하는 마찰력을 경감시키려면 접촉면 사이에 기체나 액체 등의 유체를 공급하여 **윤활**潤滑 작용을 하게 한다.

그림 2는 적극적으로 윤활 작용을 하게 한 유체 베어링의 예로 고체끼리의 직접 접촉을 피하고 액체와 고체를 접촉시켰다. 점성과 압축성을 무시한 이상적인 완전 유체라면 운동을 방해하는 힘은 발생하지 않지만, 실제 유체에는 점성이 있기 때문에 유체와 물체의 접촉면으로부터의 거리 때문에 유체 내부에 속도 차가 생기고 운동에 대한 저항력이 발생한다. 액체의 점성은 온도가 상승하면 저하되기 때문에 윤활유 막을 만들려면 적당한 점성이 필요하므로 자동차 엔진오일과 같은 윤활유는 온도 변화가 있어도 안정된 점성을 유지해야 한다.

Check!
- 운동 중인 점성은 정지 중인 점성보다 작다.
- 점성에 따른 유체 내부의 속도차가 운동에 대한 저항력을 발생시킨다.

그림 1   일상생활에서 느끼는 점성

공기의 저항을 느끼지
않는다.

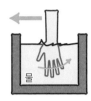

물의 저항을 느낀다.

점성이 높은 꿀

점성이 낮은 물

끈적거리는 정도가 점성이고, 점성을
수치화한 개념이 점도(점성계수)이다.

물의 점도는 공기의 약 60배
꿀의 점도는 물의 약 5000~6000배

그림 2   윤활

유체 베어링

윤활 유체

회전축

베어링

베어링 | 고정

유체

회전축 ➡

점성이 전혀 없으면
유체는 움직이지 않는다.

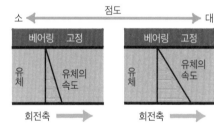

소 ◀   점도   ▶ 대

베어링 | 고정

유체 | 유체의 속도

회전축 ➡

베어링 | 고정

유체 | 유체의 속도

회전축 ➡

회전축과의 접촉으로 유체에 속도가 생긴다.
속도 차이에서 유체 내부에 저항력이 발생한다.

액체의 점성은 온도 상승 시 저하되는 경향이 있다. 윤활유는 온도가 변해
도 안정된 점도를 유지해야 한다.

우리는 물에서도
슉슉 헤엄쳐요.

용어
해설   윤활 유체 : 기름 등의 액체뿐 아니라 압축 공기 등의 기체도 사용된다.

정지된 유체에서는 모든 점에 힘의 균형이 맞춰져 있으므로 그림 1과 같이 유체 속에서의 작은 한 점에는 모든 방향으로부터 똑같은 압력이 작용한다고 생각한다. 또한 자전거 타이어와 공기 주입기와 같이 밀폐된 장치에서는 임의의 한 점의 압력을 어떤 크기만큼 변화시키면 유체 내 모든 점의 압력은 같은 크기만큼 변화된다. 이러한 유체의 성질을 **파스칼의 원리**라고 한다.

그림 2처럼 유체를 채운 작은 실린더와 큰 실린더를 연결하여 작은 실린더에 힘 F_1을 가하면 큰 실린더에는 두 실린더의 단면적에 비례한 큰 힘 F_2가 발생한다. 작은 실린더에 가한 힘 F_1은 F_1을 단면적 A_1로 나눈 크기의 압력 P를 발생시킨다. 파스칼의 원리에서 작은 실린더가 만든 압력 P는 연결관을 경유하여 큰 실린더의 피스톤에 전달된다. 큰 실린더에서는 압력 P를 단면적 A_2로 받기 때문에 $F_2 = P \times A_2$의 힘이 발생한다. 작은 실린더가 만들어낸 압력 P는 F_1/A_1이므로 큰 실린더에는 단면적에 비례한 A_2/A_1배의 힘이 발생한다.

이러한 장치는 작은 힘을 큰 힘으로 증폭시키기 때문에 **배력장치**培力裝置라고 한다. 작은 힘이 커졌으니까 이득을 얻었다고 생각해서는 안 된다. 기계적인 일에서 이득을 봤다고 볼 수 없는 이유는 힘을 크게 만드는 대신 큰 실린더의 피스톤 이동 거리가 작아지기 때문이다. 이 실린더 장치에 비압축성 유체인 액체를 사용하면 작은 피스톤을 눌러 감소된 액체의 부피는 큰 피스톤에서 증가된 액체의 부피와 같아진다. 이동한 유체의 부피가 일정하므로 큰 실린더 쪽의 피스톤 이동량은 작은 실린더 쪽 피스톤에 대해 두 피스톤 단면적에 반비례한 A_1/A_2배의 값이 된다.

Check!
- 파스칼의 원리는 정지된 유체나 천천히 움직이는 유체일 때 성립된다.
- 파스칼의 원리에서 큰 힘을 만들면 이동할 수 있는 거리가 작아진다.

그림 1 　파스칼의 원리

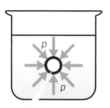 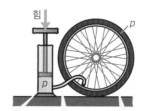

정지된 유체의 한 점에는 모든 방향으로부터 동일한 압력이 작용한다.

공기 주입기의 핸들을 누르면 내부 압력이 상승한다.

압력의 상승이 호스로 전달된다.

튜브의 내부 압력이 높아지고 타이어를 팽창시켜 딱딱하게 된다.

그림 2 　배력장치의 구조

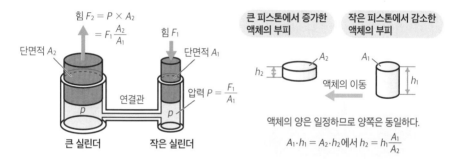

힘 $F_2 = P \times A_2$
　　　$= F_1 \dfrac{A_2}{A_1}$

힘 F_1

단면적 A_2　　단면적 A_1

연결관　　압력 $P = \dfrac{F_1}{A_1}$

큰 실린더　　작은 실린더

큰 피스톤에서 증가한 액체의 부피

작은 피스톤에서 감소한 액체의 부피

액체의 이동

액체의 양은 일정하므로 양쪽은 동일하다.

$A_1 \cdot h_1 = A_2 \cdot h_2$에서 $h_2 = h_1 \dfrac{A_1}{A_2}$

작은 실린더를 힘 F_1로 누르면 큰 실린더에는 두 실린더의 단면적에 비례한 큰 힘 F_2가 발생한다. 유체가 액체일 때 큰 실린더의 이동량 h_2는 작은 실린더의 이동량 h_1에 비해 실린더 단면적에 반비례한 작은 값이 된다.

파스칼의 원리를 이용하면 작은 힘으로 일을 할 수 있어요.

용어해설　힘 : 압력 × 면적. 단위는 순서대로 뉴턴(N), 파스칼(Pa), 제곱미터(m²)

자동차의 브레이크 장치
파스칼의 원리를 응용

일반적인 자동차의 브레이크에는 회전체에 마찰재를 붙이고 운동 에너지를 마찰열로 변환시켜 제동하는 **마찰식 브레이크**를 채택하고 있다. 그림 1의 예는 회전 원판에 패드라고 불리는 마찰재를 붙이는 디스크 브레이크 장치의 원리이다. 패드를 브레이크 디스크에 밀어 붙이는 구동력에 파스칼의 원리를 응용하고 액체를 사용하는 브레이크가 '액압液壓 브레이크'이고 일반적으로는 '유압油壓 브레이크'라고 한다. 자동차 관련 분야에서는 사용하는 유체를 그 성질에 따라 '브레이크 오일기름'이라고 하지 않고 '브레이크 액Fluid'으로 부른다. 브레이크 페달을 밟는 힘으로 마스터 실린더Master Cylinder를 눌러 타이어 측면 휠 실린더에 큰 제동력을 발생시킨다. 패드는 항상 브레이크 디스크와 거의 접촉하고 있어서 패드의 이동량이 작기 때문에 마스터 실린더의 단면적을 작게 만들어 힘의 증폭비를 크게 하면 누르는 힘을 크게 할 수 있다.

그림 2와 같이 브레이크 장치에서는 브레이크 디스크에서 발생한 마찰열이 회전하는 디스크 자체에서 방열되고 또한 타이어 휠이나 타이어에서도 방열되어 브레이크 효과를 낳는다. 긴 내리막길에서 브레이크를 지나치게 힘껏 밟아 브레이크 장치가 과열되면, 패드를 잡는 캘리퍼가 고온이 되어 패드를 밀어내는 실린더 내부의 액체 온도가 상승하고 실린더나 파이프 내에 기포가 발생하여 앞에서 설명한 **베이퍼 로크**를 일으킬 수 있다. 베이퍼 로크가 발생하면 마스터 실린더가 만들어 낸 압력은 기포의 부피를 수축시키기만 하고 패드를 누를 수 없게 되어 브레이크 효과를 얻을 수 없다. 브레이크 액의 끓는점은 200℃ 이상이지만 흡습성이 높아 수분을 함유하면 끓는점이 150℃ 정도까지 내려가기 때문에 브레이크 액을 정기적으로 교환해야 한다.

Check!
◉ 마찰식 브레이크는 운동 에너지를 열로 전환하여 제동한다.
◉ 브레이크 액은 수분을 함유하면 끓는점이 내려간다.

그림 1　유압 브레이크

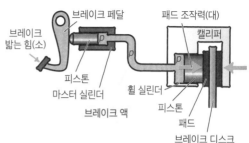

회전하는 브레이크 디스크를 패드에 끼워 제동력을 얻는다.

브레이크 디스크와 패드는 고체이므로 페달을 힘껏 밟아도 패드의 이동은 거의 없고 디스크를 세게 밀착시킬 뿐이다.

그림 2　브레이크 방열과 베이퍼 로크

ⓐ 브레이크의 방열 경로

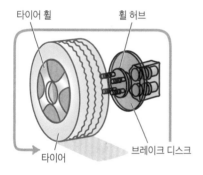

평소에는 발열원이 되는 브레이크 디스크, 타이어 휠, 타이어 등에서 방열된다.

ⓑ 베이퍼 로크

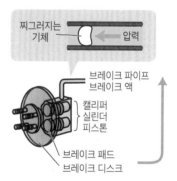

브레이크 장치의 과열로 브레이크 파이프에 베이퍼 로크가 발생하기도 한다.

용어
해설

캘리퍼 : 물체를 끼우는 형상이나 구조에 사용하는 호칭
브레이크 캘리퍼 : 브레이크 패드 바깥쪽에 있는 하우징

물체에 작용하는 유체의 힘
부력

아르키메데스의 원리는 '유체 속에 있는 물체에는 물체가 배제한 유체의 무게와 동일한 연직 윗방향의 힘이 작용하는데 이것을 부력이라고 한다'라는 말로 설명할 수 있다. 그림 1과 같이 부력은 유체 속에 있는 모든 물체에 작용하기 때문에 물에 떠 있는 나뭇조각이나 배 뿐 아니라 물에 가라앉은 쇠구슬에도 작용한다.

밀도에 중력가속도를 곱한 값을 **비중량**이라고 한다. 그림 2와 같이 물속에 수직으로 놓은 원통을 생각하면 원통 윗면에는 압력 P_1 = 비중량 × 수심이 작용하고, 표면에 수직 아랫방향의 힘 F_1 = 압력 × 단면적이 발생한다. 원통 바닥면에는 표면에 수직으로 압력 P_2가 작용하고 수직 윗방향의 힘 F_2가 발생한다. 물속 임의의 점의 압력은 물의 비중량 × 수심으로 결정되므로 원통에는 F_2와 F_1의 차이로 물의 비중량 × 원통의 높이수심의 차이 × 단면적의 힘이 윗방향으로 작용한다. 이 값은 유체의 비중량 × 원통의 부피이므로 원통과 동일한 유체의 무게가 된다. 이 힘을 **부력**浮力이라고 한다.

물체의 무게는 아랫방향으로 작용하고 부력은 윗방향으로 작용하므로 부력이 물체의 무게보다 크면 물체는 뜨고, 물체의 무게가 부력보다 크면 물체는 가라앉는다. 부력이 발생하는 곳은 물속뿐만이 아니다. 공기 속에도 공기보다 밀도가 작은가벼운 기체를 풍선에 넣으면 풍선 무게는 풍선과 같은 부피의 공기 무게보다 작아지므로 대기 중에 부력이 발생하여 풍선이 떠오른다. 열기구는 기구 내부 공기를 가열하여 주변 공기의 밀도보다 작게 만들어 기구에 부력이 생기게 한다. 그리고 기구의 무게보다 부력이 커졌을 때 기구는 하늘로 떠오른다.

Check!
- 수면에 떠있는 물체는 부력과 무게가 균형을 이루고 있다.
- 물속에 있는 물체는 부력의 크기만큼 작은 힘으로도 들어 올릴 수 있다.

그림 1   아르키메데스의 원리

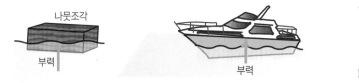

부력은 유체 속에 있는 모든 물체에 작용한다. 물에 가라앉은 쇠구슬에도 부력이 작용하고 있다.

그림 2   부력의 구조와 작용

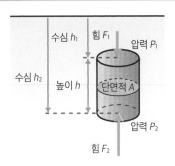

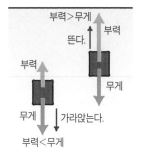

- 비중량
  = 밀도 × 중력가속도
- 압력
  = 비중량 × 수심
- 힘
  = 압력 × 단면적
- 원통의 부피
  = 단면적 × 높이
- 부력
  = 비중량 × 원통의 부피

 용어해설   비중량 : 밀도 × 중력가속도이며 단위 부피당 무게를 나타낸다.

물체가 뜨고 가라앉는 현상은 비중으로 결정된다
비중과 부력

물체의 무게는 물체의 비중량 × 물체의 부피다. 수면에 뜬 물체에 작용하는 부력은 물의 비중량 × 물체가 물속에 잠겨있는 부분의 부피다. 두 물체를 비교했을 때의 비중량의 비 또는 밀도의 비를 **비중**比重이라고 한다. 떠 있는 물체는 무게와 부력이 균형을 이루고 있기 때문에 물체가 물속에 잠겨있는 부분의 부피는 물체의 부피 × 비중으로 구할 수 있다. 비중은 고체와 액체인 경우는 물을 기준으로 하고, 기체인 경우는 공기를 기준으로 결정한다.

그림 1과 같이 물체의 비중이 1보다 작으면 부력과 중량이 균형을 이루는 위치에서 수면에 떠 있고, 비중이 1일 때는 물의 일부분이라고도 생각할 수도 있기 때문에 물속 어디에서든 둥실둥실 떠서 균형이 맞는다. 비중이 1을 넘으면 물체의 무게가 부력을 초과하므로 물체는 가라앉는다. '빙산의 일각'이라는 표현은 '밖으로 밝혀진 사실 전체의 극히 일부분'이라는 표현을 할 때 사용되는데 일반적으로 안 좋은 일이 폭로된 경우에 사용된다. 바닷물을 기준으로 하면 빙산의 비중은 약 0.9 정도이므로 빙산의 90%가 해수면 아래, 10%가 해수면 위에 있다는 뜻이다. 실제로 얼음 속에 기포가 존재하므로 물속에 감춰진 부피는 조금 더 작아진다. 비중은 물체 고유의 값이 아닌, 두 개의 값을 비교했을 때의 상대적인 값이다.

그림 2와 같이 잠수함은 앞뒤에 있는 공기실의 공기를 압축시켜 탱크에 저장하고 바닷물을 넣고 빼면서 잠수함의 자세나 부력을 조정하며 잠항 또는 부상을 한다. 비행선은 앞뒤에 있는 공기방을 공기로 팽창시키거나 수축시켜 헬륨가스의 부피를 변화시켜 비행선의 자세나 부력을 조정한다. 잠수함은 공기를 많이 넣으면 부력이 커지고 비행선은 공기를 많이 넣으면 부력이 작아진다. 양쪽 모두에 추진력이 있기 때문에 함수艦首를 들고 전진하면 부상하고, 함수를 내리고 전진하면 하강한다.

Check!
○ 비중은 두 개의 물체를 비교했을 때 상대적인 값이다.
○ 물체가 뜨는 조건은 비중이 1미만일 때다.

그림 1   빙산의 일각

$$고체의\ 비중 = \frac{물체의\ 비중량(또는\ 밀도)}{물의\ 비중량(또는\ 밀도)} \qquad 기체의\ 비중 = \frac{기체의\ 비중량(또는\ 밀도)}{공기의\ 비중량(또는\ 밀도)}$$

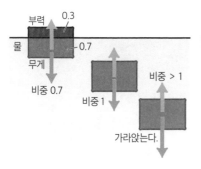

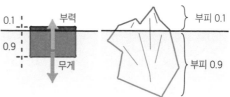

비중 0.9인 직육면체   비중 0.9인 빙산

비중 0.9인 직육면체라면 수면 윗부분과 물속 부분의 높이의 비는 1:9지만, 빙산 등 단면 형상이 일정하지 않은 경우에는 부피비로 1:9이다.

비중 1은 물과 동일한 비중량(밀도)이므로 물속 어느 곳에서나 균형을 이루고 비중이 1을 넘으면 물체는 가라앉는다.

그림 2   잠수함과 비행선

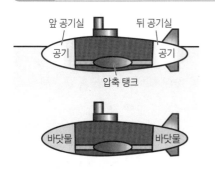

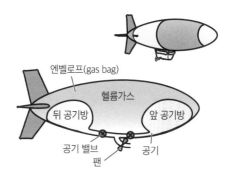

공기는 물보다 가볍기 때문에 공기실에 공기를 넣으면 부력이 커진다.

헬륨가스는 공기보다 가볍기 때문에 공기방의 부피를 작게 만들면 부력이 커진다.

용어해설

비중 : 비중량끼리 또는 밀도끼리 비교한 것이므로 단위는 없다.
공기실(방) : 물고기의 부레도 똑같은 기능을 한다.

부력을 사용한 배의 엘리베이터
갑문

그림 1과 같이 수상 교통이나 치수治水, 관개灌漑 등을 목적으로 높낮이가 다른 수로를 연결하려고 할 때, 두 개의 수로를 직접 연결하기만 하면 높은 곳의 수로에서 낮은 곳의 수로로 물이 흘러가기만 한다. 이것을 해결하기 위해 높고 낮은 두 곳의 수로에 각각 문을 만들고 문 중앙을 갑실閘室이라고 하는 조정실로 연결한 **갑문**閘門이라는 설비가 이용된다. 갑문은 펌프 등을 사용하지 않고 문을 순서대로 열고 닫으며 물의 중력 작용만으로 갑실의 수위를 조정한다. 수면에 뜨는 배의 부력을 이용하여 갑실 수위의 변화와 함께 배를 위아래로 보내 수위가 다른 두 개의 수로 사이로 배를 오고 가게 할 수 있는 배의 엘리베이터로서 로크Lock라고도 한다.

그림 2에서 낮은 곳인 수로1에서 높은 곳인 수로2로 배를 통과시키는 경우의 조작을 생각해 보자. ⓐ 게이트1을 열고 갑실 수위를 수로1의 수위에 맞춘다. ⓑ 배를 수로1에서 갑실로 보내고 게이트1을 닫는다. ⓒ 게이트2를 열어 수로2의 물을 갑실로 흘려보내고 갑실 수위와 수로2의 수위를 똑같게 만든다. ⓓ 배를 수로2로 보낸 후 게이트2를 닫으면 수로1에서 수로2로 배의 이동이 끝난다. 반대로 높은 수위의 수로2에서 낮은 수위의 수로1로 이동시킬 때는 앞의 조작과 반대 순서로 게이트를 열고 닫는다.

레오나르도 다빈치는 1503년에 피렌체와 인접국가인 피사와의 경계를 흐르는 아르노 강에 갑문 건설을 계획했으나 당시의 기술력으로는 실현할 수 없었다. 대표적인 갑문은 1914년에 개통한, 태평양과 대서양을 연결하는 총연장 80 km에 달하는 파나마운하다. 그보다도 180여 년 전인 1731년에 현재의 일본 사이타마 현 사이타마 시에 관개 농업용수 설비미누마다이(見沼代) 용수로 완성한 '미누마 통선 물길'이 일본에서 가장 오래된 갑문식 운하로 알려져 있다.

Check!
- 펌프 등을 사용하지 않고 문을 조작하여 수로와 갑실이 같은 수위가 된다.
- 선체의 부력으로 배를 올리거나 내린다.

그림1　높낮이가 다른 두 개의 수로를 연결한다.

물은 낮은 곳으로 흐른다.

높낮이가 다른 수로를 직접 연결하면 물은 낮은 곳의 수로로 흘러갈 뿐이다.

갑문으로 수로를 연결한다.

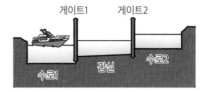

게이트를 만들어 높낮이가 다른 수로를 연결한다.

그림2　갑문의 조작

ⓐ 갑실과 수로1의 수위를 맞춘다.

게이트1을 열어 갑실과 수로1의 수위를 맞춘다.

ⓑ 배를 갑실로 보낸다.

배를 갑실로 보낸 후 게이트1을 닫는다.

ⓒ 갑실과 수로2의 수위를 맞춘다.

게이트2를 열어 갑실과 수로2의 수위를 맞춘다.

ⓓ 배를 수로2로 보낸다.

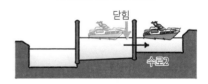

배를 수로2로 보낸 후 게이트2를 닫는다.

용어
해설　갑문 : 로크(lock)

떨어지는 물방울은 공 모양
표면장력

그림 1과 같이 앞부분이 둥글고 꼬리부분이 뾰족한 형태를 눈물이 떨어지는 모습 같아서 눈물형이라고 부른다. 눈물형은 정말로 눈물 모양일까? 눈물을 관찰하기 위해 수도꼭지에서 떨어지는 물방물의 모양을 관찰했다. 관찰 결과, 물방울은 일반적으로 말하는 눈물형이 아니었다. 떨어지는 순간의 물방울은 크기에 상관없이 거의 공 모양을 유지했다. 단, 수도꼭지 끝에 매달린 물은 물방울로 맺혀서 수도꼭지에서 떨어지기 직전에 물방울 뒷부분이 점착력 때문에 수도꼭지에 매달려 눈물형이 되었다.

물 등의 액체가 표면적을 최대한 작게 만들기 위해 액체 표면을 따라 잡아 당기는 힘을 **표면장력**表面張力이라고 한다. 그림 2에서 수도꼭지 손잡이를 물이 멈추는 순간까지 잠그고 수도꼭지 내벽에 생긴 물방울이 토수구吐水口에서 떨어질 때까지의 모습을 관찰해 보자. ⓐ 수도꼭지 내벽을 타고 미량의 물이 토수구 끝에 매달려 물방울을 만들기 시작한다. 이 단계에서는 물방울의 무게와 물의 점성으로 토수구에 매달릴 수 있도록 점착력이 균형을 이뤘다. ⓑ 물방울이 커지고 무거워져서 수도꼭지 내벽에서 낙하하는 순간이다. 물방울 대부분이 토수구에서 떨어지고, 뒷부분은 점성 때문에 토수구 끝과 연결되어 있다. ⓒ 무거워진 물방울이 밑으로 떨어지기 일보직전에 물방울 뒷부분 끝과 토수구 끝의 점착력 때문에 매달려 있던 물 뒤쪽 끝이 떨어지는 물방울을 끌어당겨 눈물형을 만든다. ⓓ 물방울이 완전히 토수구에서 떨어진 순간에 점착력으로 윗방향으로 끌어당기는 힘이 없어져 낙하 중인 물방울은 표면장력의 작용으로 공 모양이 되었다. 즉 눈물형은 물방울이 낙하하는 초기에 물방울 꼬리 부분이 부착되는 부분과의 점성으로 당겨졌기 때문에 앞쪽 끝이 둥글고 뒤쪽 끝이 뾰족한 형태를 만든 것이다. 액체 표면에 작용하는 표면장력의 크기는 표면을 따라 끌어당기는 힘의 크기를 단위 길이당 값으로 나타낸다.

Check!
◑ 표면장력은 표면을 끌어당겨 부피를 수축시키는 힘이다.
◑ 점성으로 인해 고체에 생기는 점착력이 눈물 모양의 꼬리 부분을 만든다.

그림 1   눈물은 동그랗다.

a 낙하 중인 물방울은 공 모양   **b 수도꼭지에서 떨어지기 직전 모양이 눈물형**

눈물형이란?

꼬리 부분이 뾰족하다.

앞부분이 둥글다.

눈물형은 정말로 눈물 모양일까?

낙하 중인 물방울은 크기에 상관없이 거의 공 모양이 된다.

떨어지려고 하는 물방울 뒷부분이 점착력으로 끌어당겨져 눈물형이 된다.

그림 2   물방울이 떨어지기까지

a 물방울이 생긴다.   **b 떨어지기 시작한다.**   **c 여기에서 눈물형이 된다.**   **d 물방울은 공 모양**

조금씩 물이 고여 물방울을 만들기 시작한다.

떨어지려고 하는 물방울에 점착력이 작용한다.

떨어진 물방울이 점착력으로 끌어당겨져 눈물형이 된다.

표면적을 최소화하려는 힘이 표면장력이다.

눈물형은 물의 표면장력과 점착성으로 인해 만들어지는 거야.

용어
해설   표면장력 : 힘을 길이로 나누었으므로 단위는 N/m

018

표면장력과 공기의 힘
물방울의 변형

액체 표면에 작용하는 표면장력은 표면을 따라 끌어당기는 힘이 생겨 액체의 부피를 수축시키는 쪽으로 작용한다. 이때 액체 내부에서는 그림 1의 ⓐ처럼 표면장력으로 인한 수축력에 대항해 바깥 방향으로 향하는 힘이 생긴다. ⓑ의 낙하 중인 물방울에서는 물방울 표면에 발생하는 표면장력이 모든 방향에서 똑같이 끌어당기기 때문에 물방울은 공 모양이 되며 표면장력의 값이 클수록 공 모양은 커진다. 작은 물방울에서는 공 모양 내부에 담긴 물의 무게가 작기 때문에 표면장력이 물을 꽁꽁 싸매 거의 완전한 공 모양을 유지하는데, ⓒ 공 모양이 커지면 내부에 담긴 무게가 커져 표면장력으로 꽁꽁 싸맬 수가 없으므로 공 모양이 찌그러지기 시작한다.

물방울이 공기 중에서 낙하할 때는 공기로부터 저항을 받는다. 그림 2의 ⓐ와 같이 자유 낙하하는 물방울이 작은 경우는 공기로부터 받는 저항력도 작기 때문에 거의 변형되지 않고 공 모양 그대로 떨어진다. ⓑ와 같이 물방울이 커지면 물방울 내부는 공기가 머무르려고 하는 관성으로 발생하는 **관성 저항**慣性抵抗에 눌리고, 물방울 윗부분은 물방울과 공기 경계면에 생기는 점성으로 인한 **점성 저항**粘性抵抗으로 표면이 윗방향으로 당겨지기 때문에 마치 단팥빵이나 찹쌀떡 모양처럼 변형된다. 사진에 있는 물방울의 대체적인 크기를 구하면 다음과 같다. 대략적이긴 하지만 일반적으로 생각할 수 있는 크기와 거의 동일한 값이다.

수도꼭지의 지름이 26 mm이므로 사진의 비율로 생각하면

❶ 거의 공 모양인 물방울 : 지름이 약 2 mm 이하

❷ 공 모양이 변형되기 시작하는 크기 : 지름이 약 2.5 mm 정도

❸ 공 모양이 찌그러지기 시작하는 크기 : 지름이 약 5~6 mm 정도

물방울의 크기에 따라 공기로부터 받는 저항력이 달라서 공 모양이 변형된다.

Check!

◑ 낙하하는 물방울은 표면장력 때문에 공 모양이 된다.

◑ 큰 물방울은 공기의 관성과 마찰로 인한 저항력을 받는다.

그림 1　물방울과 표면장력

a 표면장력

표면장력

밖으로 향하는 힘

액체 표면을 따라 표면을 끌어당기려고 하는 힘이 발생한다.

b 물방울과 표면장력

밖으로-향하는 힘

표면장력

낙하 중인 물방울에서는 모든 방향으로 액체 표면을 따라 끌어당기는 힘이 발생하기 때문에 공 모양이 된다.

c 큰 물방울에는

물방울이 커져 내부로부터의 힘이 표면장력보다 커지면 공 모양이 찌그러진다.

그림 2　물방울의 크기

a 작은 물방울

거의 저항을 받지 않고 떨어진다.

b 큰 물방울

점성 저항으로 표면이 끌어당겨진다.

관성 저항으로 바닥면이 눌린다.

공기가 가지고 있는 질량과 점성이 떨어지는 물방울에 대해 저항력을 만들고 표면장력으로 공 모양이 되려고 하는 물방울의 형태를 변화시킨다.

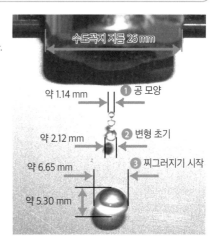

수도꼭지 지름 26 mm

약 1.14 mm　❶ 공 모양

약 2.12 mm　❷ 변형 초기

약 6.65 mm　❸ 찌그러지기 시작

약 5.30 mm

용어 해설

점성 저항 : 물과 공기의 경계면에 있는 점성이 운동을 방해하는 저항력을 낳는다.

관성 저항 : 머무르려고 하는 공기가 밀려났을 때 발생하는 저항력이다.

019

액체가 틈새로 스며드는 이유
모세관현상과 젖음

그림 1의 ⓐ와 같이 수면에 가느다란 빨대를 세우면 물이 빨대로 빨려 올라간 것처럼 빨대 속 수면이 상승한다. 가느다란 빨대일수록 빨대 안의 수면 높이는 높아진다. ⓑ와 같이 유리판 두 장을 겹친 후 아래쪽 끝을 수면에 담그면 좁은 틈새로 물이 스며든다. 틈새가 좁을수록 스며드는 높이는 높아진다. 이 현상을 **모세관현상**毛細管現象이라고 한다. 종이 티슈나 키친타월 등이 물을 잘 흡수하는 이유도 강한 모세관현상 때문이다.

액체와 고체가 융합되는 모습을 **젖음**Wetting, 친수성, 친화성이라고 한다. 모세관현상은 액체와 고체의 경계면에 생기는 젖음과 표면장력 때문에 발생한다. 그리고 모세관현상으로 만들어지는 액면의 높이는 표면장력의 강도로 결정된다. 그림 2와 같이 유리판 한 장을 수면에 세운 경우에는 물이 유리판에 스며들듯이 부착된다. 부착된 수면과 유리판이 만드는 각도를 **접촉각**이라고 하며 예각을 이룬다. 유리판을 수은에 세운 경우는 유리판과 수면의 경계면이 서로 밀어내 둔각의 접촉각을 보인다.

빨대나 두 장의 유리판을 겹쳐 놓은 듯한 가느다란 관이나 좁은 틈새에서는 모세관현상이 발생하고 물 접촉면의 부착력으로 인해 곡면을 만들며 끝이 올라간다. 이 곡면에서는 물의 표면장력이 액면의 표면적을 최소화하려고 액면을 끌어당겨 액면이 높아진다. 반대로 수은에서는 경계면에서 서로 밀어내 표면장력으로 액면의 표면적을 최소화하려고 액면이 눌려져 낮아진다. 관 속이나 틈새 속의 액면 높이는 액면에서 증감시킨 만큼의 무게와 표면장력이 발생하는 힘이 균형을 이루면서 결정되므로 액체의 표면장력의 크기에 비례하여 관 속 지름이나 틈새의 치수에 반비례한다. 따라서 가느다란 빨대나 틈새가 좁은, 겹쳐진 두 장의 유리판은 높은 위치까지 물이 도달한다.

Check!
- ◑ 모세관현상은 젖음과 표면장력으로 나타난다.
- ◑ 빨대 속으로 빨려 올라가는 물의 무게와 표면장력이 균형을 이룬다.

그림 1   모세관현상

a 빨대 안쪽

수면에 빨대를 세우면 빨대 내부의 수면이 상승한다. 상승하는 높이는 빨대가 가늘수록 높아진다.

b 두 장의 유리판

두 장의 유리판을 겹쳐 수면에 세우면 물이 스며든다. 스며드는 물의 높이는 틈새가 좁을수록 높아진다.

그림 2   젖음과 표면장력

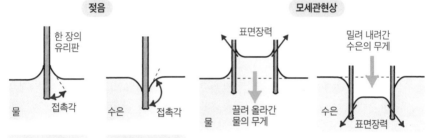

접촉각은
경계면이 부착될 때 : 예각
경계면이 떨어질 때 : 둔각

액면의 증감 변화는
경계면이 부착될 때 : 표면장력으로 끌려 올라간다.
경계면이 떨어질 때 : 표면장력으로 밀려 내려간다.

 용어
해설   접촉각 : 이 값이 작을수록 젖은 정도가 강하다.

020

액정 패널도 모세관현상
모세관현상의 응용

분자가 결정結晶과 같이 비교적 규칙적으로 배열된 액체를 **액정**液晶이라고 한다. 휴대전화나 컴퓨터, 텔레비전 등의 액정 패널은 액정 재료에 전기 신호를 주면 빛이 통과하는 방법이 변화되는 성질을 이용한 디스플레이 장치이다.

액정 패널은 그림 1과 같이 빛의 파장 방향을 정돈하는 편광 필터, 액정 분자의 배열법을 정돈하는 배향막配向膜, 액정 분자를 조작하는 전극을 조합한 부품을 두 세트 사용하여 액정을 끼워 만든다. 액정 패널 뒤쪽에서 투광하는 광원을 백라이트라고 하며 형광등과 같이 냉음극관이라고 하는 방전관과 백색 LED 등을 사용한다. 컬러 필터는 투과하는 빛에 색깔을 입힌다. 두 개의 투명 전극 X, Y를 조합하여 전압을 가하고 디스플레이 상의 임의의 점의 액정을 제어하여 표시한다. 액정은 전극 사이에 전압이 가해지지 않았을 때는 배향막에 의해 액정 분자가 빛을 통과하도록 배열되어 있고, 전극에 전압을 주면 액정 분자를 조작하여 빛을 차단하는 셔터로 작동한다.

편광 필터나 배향막을 조합한 두 세트의 유리판 틈새에 액정을 봉입하여 밀폐하려면 모세관현상을 응용한다. 그림 2와 같이 깨끗하게 마감한 유리판 두 장의 표면에 수 μm마이크로미터의 틈새를 만들고 조합한 유리판의 한쪽 끝을 액정 수조에 담근 후 유리판의 틈새를 진공상태로 만들어 모세관현상으로 액정을 스며들게 한다. 틈새 전면에 액정이 스며들었을 때 두 유리판 전체 둘레에 밀봉 처리를 하면 액정 패널이 완성된다. 그러나 이 방법으로 대형 액정 패널을 만들려면 작업하는 데 시간이 오래 걸리고 정밀도 확보가 곤란하다는 점에서 양산하는 데 문제가 있었다. 샤프 전자회사는 우선 유리판 한 장에 액정을 떨어뜨린 후 그 위에 다른 한 장의 유리판을 겹쳐 놓고 눌러서 모세관현상으로 액정이 스며들어 번지게 하는 방법으로 대형 액정 패널 양산을 가능하게 했다.

Check!
- ◎ 액정은 결정체와 같은 분자 배열을 갖는 액체이다.
- ◎ 액정은 전기 신호에 의해 빛의 투과성이 바뀐다.

그림 1   액정 패널의 구조와 역할

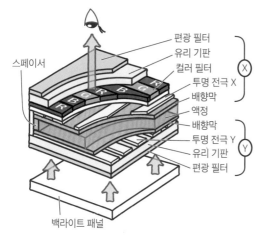

스페이서

편광 필터
유리 기판
컬러 필터
투명 전극 X
배향막
액정
배향막
투명 전극 Y
유리 기판
편광 필터

Ⓧ

Ⓨ

백라이트 패널

X, Y 두 세트의 편광 필터와 배향막에서 액정의 분자 배열 방법을 90도 교차시켜 투명 전극 X와 Y에 전압을 주지 않을 때 빛을 투과시킨다.

투과한 빛은 RGB 필터를 통과할 때 색깔을 낸다.

투명 전극 X와 Y에 전압을 주면 그 부분의 액정이 정렬되면서 빛을 차단하여 화면을 까맣게 만든다.

액정은 전압에 따라 빛을 투과시키거나 차단하는 셔터로 작동한다.

그림 2   액정 패널도 모세관현상을 이용한다.

액정 패널과 모세관현상

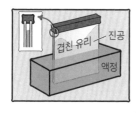

겹친 유리 — 진공
액정

진공 속에서 수 μm의 틈새에 모세관현상을 발생시켜 액정을 스며들게 한다.

떨어진 액정을 모세관현상으로 스며들게 한 후 번지게 만든다.

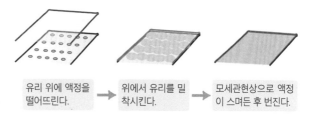

유리 위에 액정을 떨어뜨린다. → 위에서 유리를 밀착시킨다. → 모세관현상으로 액정이 스며든 후 번진다.

유리 한 장에 액정을 떨어뜨리고 그 위에 다른 유리를 한 장 덮어서 모세관현상으로 액정을 스며들게 한 후 번지게 만드는 방법이 대형 액정 패널 양산을 가능하게 했다.

참고 : 샤프 주식회사 홈페이지

액정 패널에 무리한 힘을 가하면 액정이 깨져버려요.

021

수평을 맞추는 고대로부터의 지혜
수평면과 연통관

고대 이집트 시대에 만들어진 피라미드가 평균 무게 2.5톤의 거대한 마름돌일정한 치수의 크기로 잘라 놓은 돌-역주을 쌓아 올려 각뿔 모양의 엄청난 무게를 지탱하려면, 기울지 않고 수평을 이루는 기초 지반이 필요하다. 피라미드가 건축된 장소는 나일강과 가깝고 변화의 기복이 적은 광대한 토지였다. 당시에는 현재와 같이 레이저 등으로 수평을 만드는 장치가 없었기 때문에 물의 성질을 이용하는 그림 1과 같은 방법으로 기초 지반의 수평을 맞추었다고 한다. 수평을 맞추는 순서는 ❶ 임시로 땅을 고른다. ❷ 대지에 가로 세로로 교차하는 홈을 파고 물을 댄다. ❸ 수면이 안정되면 수평면이 만들어지므로 홈 옆면에 수평 표시를 하고 표시보다 윗부분을 깎아낸다. ❹ 홈을 메우고 굳혀서 완성한다. 대지에 가로 세로로 자른 홈이 모두 연결되어 있다면 홈에 댄 물의 표면은 모두 같은 높이를 갖는다는 사실을 이용한 방법이다. 홈의 깊이나 폭과는 관계없이 모든 홈에 물을 채우는 것이 중요하다.

그림 2와 같이 물이 정지된 표면은 평평한데 이를 **수평면**水平面이라고 한다. 수평면은 지구의 중력 작용선인 **연직선**鉛直線에 대해 수직인 면이다. 그러므로 큰 무게가 나가는 돌을 조합한 건조물이라도 기초 지반이 수평을 유지함으로써 각 돌의 무게가 편중되지 않고 기초가 되는 대지를 누르는 수직 방향의 힘을 작용시킬 수 있다.

두 개 이상의 용기나 관 바닥 부분을 연결하여 액체가 자유롭게 오갈 수 있도록 한 장치를 **연통관**連通管이라고 한다. 연통관이 만드는 수면은 수평면의 일부이고 모든 부분에서 같은 높이가 된다. 그림 1의 방법으로 수평을 만들 수 있는 이유는 수로가 되는 홈 전체에 있는 물이 연결되어 있어서 홈 어느 곳에서나 한 개의 수평면 표면을 유지할 수 있기 때문이다.

Check!
◉ 수평면과 연직선은 직각으로 교차한다.
◉ 저울추를 실에 매달았을 때의 실은 연직선이다.

54

그림 1   건조물의 기초 지반

1 임시로 땅을 고른다.

2 홈을 파고 물을 댄다.

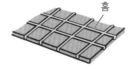

홈

고대 이집트의 피라미드를 건조할 때 다음과 같은 방법으로 기초 지반을 만들었다고 한다.
1 처음에 임의로 땅을 고른다.
2 십자 모양으로 교차하는 홈을 파고 물을 댄다.
3 홈의 모든 부분에 물을 댄 다음, 홈 옆면에 수평 표시를 하고 윗부분을 깎아낸다.
4 홈을 메우고 땅을 굳히면 넓고 수평을 이루는 기초 지반이 완성된다.

3 수평면 윗부분은 깎아낸다.

4 홈을 메우고 완성한다.

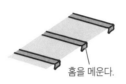

깎아내는 부분

수평면

수평 표시

홈을 메운다.

그림 2   수평면과 연통관

a 수평면

연직선

수평면

중력의 방향

지구

수평면은 용기에 담긴 물이 만드는 정지 표면이나 이와 평행인 면이다. 연직선을 기준으로 하면 연직선과 직각으로 교차하는 평면이다.

연직선은 중력이 작용하는 방향을 나타내는 선이다. 또한 물체를 실로 매달았을 때 매단 실이 만드는 직선으로, 수평면을 기준으로 하면 수평면과 직각을 이룬다.

b 연통관

연통관은 어떤 모양이든 연결된 액체가 가득 차 있다면 액면의 높이는 똑같다.

용어
해설

연직 : 중력이 작용하는 방향
연통관 : 어떤 모양이든 끊어지지 않고 연결된 액체의 액면 높이는 똑같다.

022

주택 건축부터 캠핑까지
수준기

건축업 관련자들이나 목수들 사이에서 물이라는 단어는 수평을 의미하는 경우가 있다. 가늘고 긴 재료에 홈을 파고 물을 담은 후 이것을 토대로 물의 기울기를 보고 수평을 맞추거나, 물을 채운 가늘고 긴 유리관 내부에 거품을 남겨두고 이 거품의 위치를 보고 수평을 맞추는 기구를 **수준기**水準器라고 한다. 건축 현장 등에서 넓은 면적이 수평을 이루도록 만드는 과정 전체를 수평작업이라고 하는데 건물의 기초를 결정하는 큰 공정이다. 현재는 수포식 수준기나 레이저를 사용하지만 그림1은 수준기의 기원이 된 방법이다.

양동이 등의 용기와 호스를 연결하여 연통관을 만든다. 수평을 맞추려고 하는 기초의 중앙 부근에 적당한 받침을 놓고 적당한 간격으로 규준말뚝이라고 하는 세로규준틀을 박는다. 일본 건축에서 한 간間은 1.8 m로 환산할 수 있다. 호스 앞쪽 끝을 모든 말뚝에 대고 수위를 표시하면 규준말뚝에 그려진 표시는 수평면의 일부가 된다. 이 표시를 수평실이라고 하는 실로 연결했을 때 만들어진 평면이 수평면이 된다. 호스를 연통관이라고 생각했을 때 양쪽 끝의 수위가 똑같아진다는 원리를 이용하면 캠핑을 갔을 때나 무언가를 직접 만들면서 수평을 맞춰야 할 때 간단한 방법으로 이용할 수 있다.

수평면은 건축물의 중요한 기초이기 때문에 실제 시공에서는 그림 2와 같이 수평펠대라고 하는 평판으로 규준말뚝을 연결하여 수평면을 만들고, 전체가 변형되지 않도록 비스듬히 교차시킨 평판을 이용해 삼각형 구조로 보강하여 건축물의 중요한 요소에 건축 기초의 수평을 맞춘다. 이러한 광경은 건축 현장에서 흔히 볼 수 있다. 이것을 '수평작업' 또는 '규준매기'라고 하며 대지에 놓인 3차원의 설계도와 같은 역할을 한다.

Check!
- ◉ 건축에서 물은 수평을 의미하는 말로 사용되는 경우가 많다.
- ◉ 한 간은 일본 건축 단위이며 기둥과 기둥 사이의 간격을 말한다. 한 간은 1.8 m(6척)이다.

그림 1 수준기

① 한 개의 규준말뚝에 표시한다.

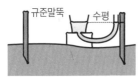

규준말뚝   수평

② 모든 규준말뚝에 표시한다.

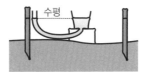

수평

③ 모든 표시를 연결하면 수평이 나온다.

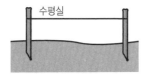

수평실

④ 캠핑이나 DIY를 할 때 이용할 수 있다.

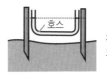

호스

간편하게 이런 방법
도 생각할 수 있다.

수준기로 수평작업 하는 방식의 원리

❶ 요소에 규준말뚝이라고 하는 말뚝을 박는다. 일반 건축에서는 1.8 m(한 간) 간격. 호스를 연결한 양동이
모양의 용기에 물을 담고 규준말뚝에 수면을 표시한다.

❷ 호스를 모든 규준말뚝에 대고 수면을 표시한다.

❸ 규준말뚝에 그려진 표시를 실로 연결했을 때 나오는 평면이 수평면이 된다. 이 실을 수평실이라고 한다.

❹ 호스 양쪽 끝을 들어올리기만 하면 연통관이 되고 수위가 똑같아진다. 캠핑이나 DIY에서 활용할 수 있는
간단한 방법이다.

그림 2 수평 작업 방법

규준말뚝   수평실   수평꿸대

대각꿸대

수평을 확보하고 건물의 정확한
기초를 결정하기 때문에 규준말
뚝을 수평꿸대와 대각꿸대로 고
정시킨다. 이것을 수평작업 또는
규준매기라고 한다. 건축 현장에
서 흔히 볼 수 있는 광경이다.

물에 둥둥 떠서 바라
보면 수면은 어느 곳
이나 평평해요.

용어
해설
꿸대 : 기둥 사이를 옆으로 연결하여 강도를 높인 부재
대각 교차 : 대각 방향의 부재가 만드는 삼각형 구조로 만들면 어긋나는 변형을 방지한다.

거침없이 물 위를 가르는 장뇌 보트

1960년대, 내가 어렸을 때는 지금으로 말하자면 과학 실험을 원리로 한 장난감이 유행하던 시기였다. 이제 와서 생각해 보면 상당히 수준 높은 놀이였다고 생각되는 것이 많다.

요즘은 상상도 안 되겠지만 초등학교의 하교 시간이 되면 교문 앞에서 노점상이 큰 대야(지금이라면 비닐 풀장)에 물을 채우고 그 안에 빨간색, 노란색, 파란색의 색깔이 알록달록한 작은 배를 종횡무진으로 달리게 하며 아이들을 상대로 장사를 했다. 배 모양을 본뜬 셀룰로이드를 깎아 만든 작은 조각의 장뇌(樟腦) 보트였다. 물의 표면장력을 추진력으로 사용하며 수면을 소금쟁이와 같이 거침없이 내달렸다. 셀룰로이드로 만든 배 뒷부분 끝에 칼집을 내고 그 안에 '마법의 연료(사실은 장뇌)'를 끼워 수면에 띄우면 작은 배가 수면을 박차고 나가는 장난감이었다.

장뇌는 물에 녹으면 표면장력을 현저하게 저하시키는 표면활성제 또는 계면활성제이다. 장뇌가 녹아 배 뒷부분의 표면장력이 떨어지면 배 앞부분의 표면장력에 의해 배가 앞쪽으로 당겨지면서 물에 떠있는 셀룰로이드의 작은 배가 움직이는 것이다. 배를 최상의 컨디션으로 내달리게 하려면 세면대에 묻어 있던 유분을 사전에 제거해야 하기 때문에 걸레나 신문지로 열심히 닦았던 기억이 난다.

제 3 장

유체의 움직임을 배우다

우리 주변에서는 유체의 특성과 동작을 이용한

구조 등을 수없이 많이 볼 수 있다.

이 장에서는 유체 전체의 동작과

유체 입자의 거동 등을 통해 유체의 현상을 배워 보자.

배를 안정시키는 힘
복원력과 모멘트

수면에 떠 있는 배는 그림 1과 같이 배의 무게가 연직 아랫방향으로 작용하고 무게와 동일한 크기의 부력이 연직 윗방향으로 작용하면서 균형을 맞춘다. 배의 **무게중심**무게重心은 배의 무게가 대표적으로 작용하는 점으로 배의 자세가 바뀌어도 선체의 특정 장소에 고정된다. 배에 발생하는 부력의 중심은 **부력중심**浮力中心이라고 한다. 그 위치는 선체 중 물속에 있는 부분을 물로 교체했을 때의 무게중심 위치이며 배의 자세가 바뀔 때마다 변한다. 배가 이상적으로 수면에 떠있을 때는 무게중심과 부력중심이 하나의 연직선상에 있어 균형이 맞다. 무게중심은 항상 부력중심보다 높은 위치에 있다.

그림 2와 같이 배가 흔들려서 기울어지면 선체 중 물속에 있는 부분의 형상이 변하므로 부력중심의 위치가 바뀐다. 배의 무게중심은 선체에 고정되기 때문에 부력중심이 이동하면 무게중심을 포함한 연직선과 부력중심을 포함한 연직선이 어긋나 배를 회전시키는 **모멘트**Moment가 작용한다.

이때 부력의 작용선이 배의 중심선과 교차하는 점을 **메타센터**Metacenter라고 하며, 메타센터가 무게중심보다 높은 곳에 있을 때는 배의 기울기를 되돌리려고 하는 **복원력**復原力이 발생한다. 이 복원력은 무게와 부력의 작용선에 어긋남이 해소될 때까지 배의 기울기를 되돌리는 쪽으로 작용한다. 무게와 부력과 같이 같은 크기로 간격을 갖고 반대 방향으로 작용하는 한 세트의 평행력을 **우력**偶力이라고 하고, 우력으로 회전시키려고 하는 움직임을 **우력의 모멘트**라고 한다. 배의 무게가 가벼워서 만일 메타센터가 중심보다 낮아지면 모멘트는 배의 기울기를 조장하는 방향으로 움직여 배를 전복시키는 방향으로 작용하게 된다. 선체 대부분이 텅 빈 석유 탱커인데 안이 비어 있다면 무게중심이 높아지고 복원력이 작아지므로 조정용 밸러스트Ballast 탱크에 바닷물을 넣어 무게중심을 조정한다.

Check!
- 물체가 회전할 때는 모멘트가 작용한다.
- 복원(復原)이라는 말은 비행기나 선박을 원래의 자세로 되돌리는 경우에 사용한다. 복원(復元)이 아니다.

그림 1   무게중심과 부력중심

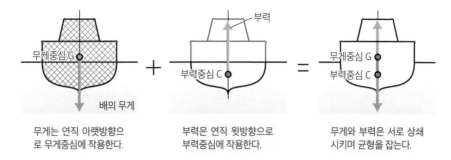

무게는 연직 아랫방향으로 무게중심에 작용한다.

부력은 연직 윗방향으로 부력중심에 작용한다.

무게와 부력은 서로 상쇄시키며 균형을 잡는다.

무게와 부력의 크기는 동일하기 때문에 무게중심과 부력중심이 한 개의 연직선상에 있을 때는 두 개의 힘이 상쇄되어 배는 안정된다.

그림 2   메타센터와 복원력

이 어긋남이 없어질 때까지 배는 진동을 반복한다.

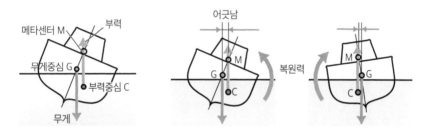

빈 석유 탱커는 무게중심이 높아 약간 기울었을 때 메타센터가 중심보다 낮아져 모멘트가 기울기를 심화시킬 위험이 있다. 이에 대한 대책으로 밸러스트 탱크에 바닷물을 채워 무게중심을 낮춘다.

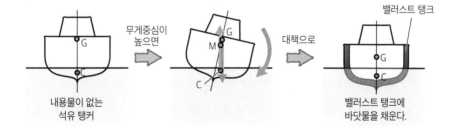

내용물이 없는
석유 탱커

무게중심이
높으면

대책으로

밸러스트 탱크에
바닷물을 채운다.

밸러스트 탱크

용어
해설
메타센터 : 배의 기울기의 중심, 경심(傾心)
밸러스트 : 기계 등을 안정시키는 기기, 장치, 기구, 자재의 총칭

024

동력을 사용하지 않는 분수의 구조
높낮이 차이가 갖는 에너지

일본 3대 정원 중 하나인 이시카와 현 가네자와 시 겐로쿠 공원兼六園 입구 근처 도키와가오카常盤ヶ岡에 있는 수목으로 둘러싸인 분수는 150여 년 전에 만들어진 일본에서 가장 오래된 분수라고 알려져 있다. 전기도 엔진도 없이 옛 시대에 만들어진 분수가 지금도 여전히 당시의 구조 그대로 물을 뿜어내고 있다.

분수의 원리는 그림 1과 같이 60 m 가까이 떨어진 높은 지대에 있는 가스미가 연못霞ヶ池과 높낮이 차이가 6.6 m인 분수 사이를 땅속 수로로 연결하여 높낮이 차이를 이용한 에너지로 물을 뿜어올리는 구조다. 분수가 뿜어져 나오는 높이는 가스미가 연못의 수량에 따라 바뀌는데 약 3.5 m를 유지한다. 도키와가오카 분수에 사용된 구조는 가스미가 연못과의 **역 사이펀**逆 Siphon으로 설명된다. 이 분수는 겐로쿠 공원에서 약 11 km 떨어진 사이가와犀川 상류를 수원지로 하는 다쓰미辰巳 용수에서부터 가네자와 성 안으로 물을 끌어오는 수로를 구축할 때 실험을 위해 만들었던 미니어처 버전이라고 알려져 있다. 급수 경로는 다쓰미 용수부터 겐로쿠 공원 내 연못으로 물을 끌어오고 겐로쿠 공원에 저장한 물을 수원지로 삼아 성 안으로 보낸다. 그렇기 때문에 겐로쿠 공원으로부터 11 m 정도 높이에서 떨어지고, 햑켄 해자百間掘り, 현재의 햑켄 해자 거리를 건너 8 m 정도 끌어올리는 지하수로이다. 자연의 힘만으로 해자성 주위에 둘러 판 못-역주를 건너 표고가 높은 성 안으로 물을 보내는 공법을 일본어로 **후세코시**伏越**의 원리**라고 하며 현재는 역 사이펀이라고 한다.

그림 2의 **ⓐ**에서 관에 가득 채운 액체를 액면보다 높은 점을 경유하게 하고 액면보다 낮은 점으로 이동시키는 방법을 **사이펀**Siphon이라고 한다. 처음에 액체를 끌어올릴 때 에너지를 주면 액체는 연속해서 이동한다. **ⓑ**의 역 사이펀은 이 형태를 반대로 했을 때의 경로라서 이런 명칭으로 불리는 것 같다. 그러나 원리는 사이펀과 달리 위치 에너지를 이용하므로 외부에서 에너지를 주지 않아도 자연스럽게 물이 이동한다.

> Check! ● 사이펀은 처음에 외부로부터 에너지를 받아야 하지만, 역 사이펀은 외부 에너지가 필요 없다.

그림 1　겐로쿠 공원의 분수

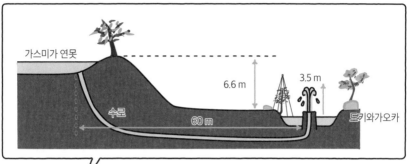

가스미가 연못

6.6 m

3.5 m

수로

60 m

도키와가오카

분수는 성 안으로 급수하는 지하수로의 실험 버전

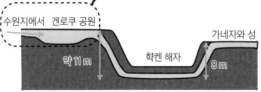

수원지에서　겐로쿠 공원

가네자와 성

학켄 해자

약 11 m

8 m

멀리 떨어진 수원지에서 겐로쿠 공원에 있는 여러 개의 연못에 물을 대고 충분히 물을 저장한 후 약 11 m 높이의 낙차로 햑켄 해자의 땅속을 통과해 8 m 정도 높은 가네자와 성으로 물을 보낸다.

그림 2　사이펀과 역 사이펀

a 사이펀

b 역 사이펀

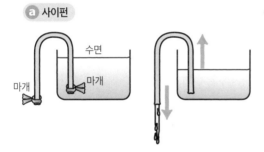

수면

마개

마개

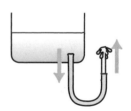

물을 채운 관의 양 끝을 막아 한쪽 끝을 수조에 넣고 다른 쪽을 수면보다 높은 곳을 경유하게 한 후 수면보다 낮춰 마개를 벗기면 물이 흘러나온다. 처음에 수면보다 높은 곳을 경유하게 하는 에너지가 필요하다.

사이펀을 반대로 만든 것처럼 보이기 때문에 역 사이펀이라고 한다. 외부로부터 에너지를 받지 않아도 자연스럽게 물이 이동한다.

 용어 해설　사이펀 : siphon. 어원은 그리스어로 '지나가다, 통과하다', '관' 등의 의미가 있다.

025

떨어지는 물이 물을 빨아올린다
사이펀

사이펀은 동작 초기에 어떤 방법으로 물을 흘러보낼 계기를 만든다면 이후에는 동력을 사용하지 않고 액체를 한 번 높은 곳으로 올린 후 낙하시킬 수 있는 구조다. 그림 1과 같이 액체를 채운 사이펀 관의 출구가 빨아들이는 쪽 수면보다 낮을 때만 연속해서 액체가 흘러간다. 사이펀 관의 정점을 H라고 하고 빨아들이는 쪽의 수면 B와 출구 쪽 C 사이에서는 물이 균형을 이루므로 출구 쪽 C와 D 사이의 물의 무게가 물을 출구로 계속 흘러보내는 에너지원이 된다. H와 B 사이의 물은 빨아들이는 쪽으로 떨어질 것 같지만 만약 그렇게 된다면 정점 H에서 물이 좌우로 나뉘게 된다. 만약 물이 나뉜다면 그 부분은 진공이 되고 빨아들이는 쪽의 수면에 항상 작용하는 대기압이 B와 H 사이의 물을 위로 밀어내듯이 작용하기 때문에 B에서 D 사이의 물은 끊어지지 않고 출구로 물을 흘러보내는 것이다.

출구 D에도 대기압이 작용하기 때문에 사이펀 관 속의 물은 대기압에 눌러서 흐르는 것이 아니라, C와 D 사이의 물의 무게로 인하여 계속 흐르는 것이다. 이 동작은 펜던트 등에 사용하는 탄력이 있고 유연한 체인을 드라이버 축처럼 잘 미끄러지는 재료에 걸었을 때, 한쪽으로 늘어뜨린 체인 자체의 무게로 계속 떨어지는 모습과 비슷하다. 사이펀은 물을 한 번 높은 곳으로 끌어올리지만 수면보다 높은 곳으로 물을 내보낼 수는 없다.

우리 주변에서 사이펀을 응용한 사례 중에는 등유나 물탱크의 물을 교체할 때 사용하는 스포이트나 펌프가 있다. 펌프를 조작하여 부압을 만들고 한 번 물을 빨아들인 후에 관 속에 물이 가득차면 외부에서 에너지를 받지 않아도 물이 계속 흘러간다. 사이펀식 수세식 변기는 소량의 물을 강하게 흘러보내 트랩을 넘어서는 사이펀을 만들어 오물을 흘러보낸다.

Check!
- ◉ 사이펀의 에너지원은 유출쪽 액면보다 아래에 있는 액체의 무게다.
- ◉ 사이펀은 수면보다 높은 곳으로 물을 내보낼 수 없다.

그림 1 사이펀의 개념

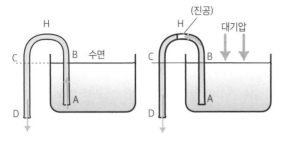

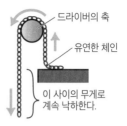

C와 D 사이 무게의 작동으로 물이 계속 흐른다.

만일 진공 상태가 되려고 하는 경우, 대기압이 항상 물을 밀어낸다.

한쪽을 늘어뜨리면 무게 때문에 체인이 계속 낙하한다.

그림 2 주변에서 볼 수 있는 사이펀의 응용

사이펀식 변기

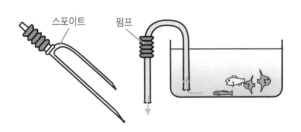

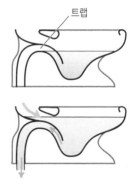

사이펀은 전혀 동력이 필요 없는 것이 아니라, 처음에 스포이트나 펌프로 관 속에 물을 채운 후 다시 흘려보내는 계기를 만들어 주어야 작동한다.

트랩을 넘어서는 물을 한 번에 흘려 보내면 사이펀 동작이 발생한다.

 용어 해설 등유 펌프 : JIS(일본공업규격) JISS2037 석유 연료 기기용 주유 펌프
트랩 : 관로에 역류 방지를 위해 설치한 장치나 부위

026

액면에 작용하는 힘의 균형
질점의 균형

크기가 없이 질량만 가지고 있는 가상적인 점을 **질점**質點이라고 한다. 그림 1의 ⓐ와 같이 정지된 수면 위에 있는 임의의 질점에서는 연직 방향의 무게와 부력이 균형을 이루어 수평면을 만든다. 컵 안에 든 물을 숟가락으로 휘젓거나 컵을 돌려 가운데의 물을 회전시키면, ⓑ와 같이 물의 중앙이 안으로 들어가고 포물선을 회전시키는 듯한 형태가 된다. 이 오목한 부분의 높이는 물의 회전속도가 빨라짐에 따라 증가한다. 수면의 높이는 중심에서 바깥쪽으로 갈수록 높아지므로 수면 위에 임의로 생각한 여러 곳의 질점에는 다른 높이를 만드는 어떤 힘이 작용한다는 사실을 알 수 있다.

그림 2에서 오목하게 들어간 수면 위에서 물과 함께 회전하는 임의의 질점이 가라앉지 않고 높이를 유지한 상대로 계속 회전하는 이유는 질점을 중심으로 한 힘의 균형 때문이다. 각 질점에는 연직 방향의 무게와 부력, 수평 방향의 원심력과 구심력이 작용한다. 질점이 수면 위로 올라가거나 내려가지 않고 높이를 유지한 채로 가라앉지 않은 상태에서 회전을 계속하려면 수면 위 질점 위치에서의 접선과, 접선과 수직 방향의 법선法線 방향으로 힘이 균형을 이루어야 한다. 수평력과 수직력의 합력 작용선이 법선과 일치할 때, 접선 방향의 힘은 0이 되므로 질점은 높이를 바꾸지 않고 균형을 이룰 수 있다.

무게와 부력은 일정하고 원심력은 회전 속도의 제곱과 반지름의 곱에 비례하기 때문에 중심에서 멀어짐에 따라 원심력이 커지고 접선의 기울기가 커진다. 이런 현상은 자전거가 빠른 속도로 커브를 돌려고 할수록 안쪽으로 크게 기우는 것과 똑같다. 질점이 수면에서 가라앉지 않는 이유는 무게와 똑같은 부력이 반대 방향으로 작용하기 때문이다. 원심력과 동일한 구심력이 반대 방향으로 작용하여 부력과 구심력의 합력이 무게와 원심력의 합력에 반대 방향으로 작용하면서 균형을 이루는 것이다.

Check!　◉ 원심력과 구심력은 회전 운동을 계속하는 물체에 작용하는 눈에 보이는 힘이다.
　　　　◉ 무게와 원심력의 합력의 작용선은 액면과 수직이다.

그림 1   변화하는 수면

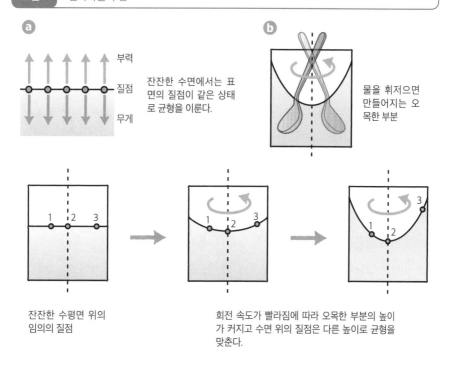

잔잔한 수면에서는 표면의 질점이 같은 상태로 균형을 이룬다.

물을 휘저으면 만들어지는 오목한 부분

잔잔한 수평면 위의 임의의 질점

회전 속도가 빨라짐에 따라 오목한 부분의 높이가 커지고 수면 위의 질점은 다른 높이로 균형을 맞춘다.

그림 2   오목한 부분의 균형

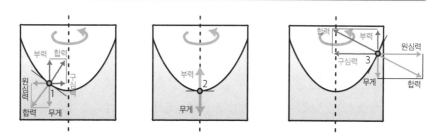

- 무게와 부력의 크기는 모든 임의의 질점에서 동일하다.
- 원심력과 구심력은 회전 속도의 제곱과 질점의 회전 반지름의 곱에 비례한다.
- 회전체의 중심에서는 회전 반지름이 0이므로 원심력이 발생하지 않는다.
- 원심력과 구심력, 무게와 부력 그리고 이들의 합력은 서로 상쇄되므로 수면은 안정된다.

용어
해설

원심력의 크기 : 질량 × 회전 반지름 × 회전각속도의 제곱이다.
구심력 : 원심력과 작용, 반작용의 관계에 있으며 서로 상쇄된다.

027

욕조의 소용돌이와 컵의 소용돌이
자유 소용돌이와 강제 소용돌이

바람이 강하게 부는 날에 건물 그늘이나 좁은 길이 교차되는 장소 등에서 회오리바람이 소용돌이를 일으키거나 커피에 우유를 넣고 섞은 표면에 소용돌이 모양이 생기는 등 우리 주변에는 유체가 만드는 여러 가지 소용돌이가 있다. 욕조나 세면대의 마개를 뽑을 때 물이 흘러가는 모양을 관찰해 보자. 물의 흐름은 조건에 따라 다르므로 물이 빨려 들어갈 때 배수구 주변에서 흐름에 회전을 주어 소용돌이를 만든다. 비누 거품 등이 빨려 들어가는 모습을 보면 그림 1과 같이 배수구에서 충분히 떨어진 점에서는 빨려 들어가는 속도가 거의 0이고, 배수구 중앙에 가까울수록 강한 기세로 빨려 들어가는 소용돌이를 만든다. 회전하는 접선 방향의 속도를 **주속도**周速度라고 하는데 소용돌이 중심과 가까운 부분에서 최대 주속도가 나오고, 소용돌이 중심에서 멀어져 반지름이 커짐에 따라 반비례하여 주속도가 감소하여 직각 쌍곡선 형태의 주속도 분포를 가진 소용돌이가 만들어진다. 배수구로 빠져 나간 물은 물체가 자유 낙하하듯이 물 자체가 가지고 있는 에너지로 운동을 유지한다. 이러한 소용돌이를 **자유 소용돌이**라고 한다.

그림 2와 같이 컵에 들어 있는 물을 숟가락으로 강하게 휘젓거나 컵의 중심선을 회전축으로 하여 컵과 물을 함께 회전시키면 가운데가 오목하게 들어간 소용돌이가 만들어진다. 회전이 충분히 안정되면 물 전체의 **각속도**角速度, 회전 속도가 똑같아져 마치 팽이를 돌리듯이 물 전체가 고체처럼 회전한다. 이때 물은 팽이의 회전과 같이 회전 중심은 주속도가 0이 되고 중심에서 멀어질수록 반지름에 비례하여 주속도가 증가하는 분포를 보인다. 용기 안에 물이 운동을 유지하려면 연속해서 물을 회전시키기 위한 에너지를 외부에서 강제적으로 제공해야 한다. 이러한 소용돌이를 **강제 소용돌이**라고 한다.

Check!
● 자유 소용돌이는 중앙으로 갈수록 속도가 증가하는 소용돌이이다.
● 강제 소용돌이는 고체와 같이 전체가 함께 회전하는 소용돌이이다.

그림 1　욕조의 배수

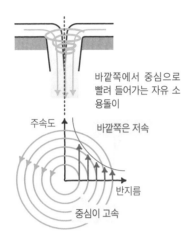

바깥쪽에서 중심으로
빨려 들어가는 자유 소
용돌이

바깥쪽은 저속

주속도

반지름

중심이 고속

배수구　주속도

비누 거품 등이 배수
구로 빨려 들어갈 때
주속도가 증가

- 자유 소용돌이의 주속도는 반지름에 반
  비례하기 때문에 주속도 분포는 쌍곡선
  을 그린다.
- 유체의 거동으로 속도가 큰 부분은 압력
  이 낮아지기 때문에 주속도가 큰 중앙 부
  분은 주변보다 압력이 낮아진다.

그림 2　컵에 만들어지는 소용돌이

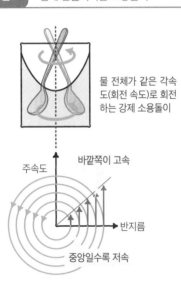

물 전체가 같은 각속
도(회전 속도)로 회전
하는 강제 소용돌이

바깥쪽이 고속

주속도

반지름

중앙일수록 저속

일정한 각속도

최대 주속도

강제 소용돌이의 흐름 속
도는 회전하는 팽이의 각
부분 속도와 같다.

최소 주속도
(중심은 0)

- 강제 소용돌이는 소용돌이 전체 각
  부분에서 각속도가 똑같기 때문에
  주속도는 반지름에 비례한 직선 분
  포로 된다.
- 팽이를 회전시키듯이 중앙 부분의
  주속도는 최소가 된다.

용어
해설

각속도 : 회전 속도를 시간당 회전 각도로 나타내는 방법이다.

주속도 : 원둘레 위에 접한 접선 방향의 속도이다.

028

소용돌이의 조합
랭킨의 조합 소용돌이

숟가락으로 컵 안에 강제 소용돌이를 만든 후 숟가락을 빼고 소용돌이가 없어질 때까지 모습을 관찰하면 그림 1과 같이 가운데가 강제 소용돌이, 주변이 자유 소용돌이가 만들어진다. 이러한 소용돌이를 **랭킨**Rankine**의 조합 소용돌이**라고 한다. 전체를 강제적으로 회전시킨 작용력을 제거했을 때 회전 바깥쪽에서 중심을 향해 주속도가 떨어지는 도중에 만들어지는 소용돌이다. 태풍의 소용돌이를 모델로 보면 조합 소용돌이와 같은 형태가 된다. 조합 소용돌이에서는 소용돌이 중앙에 주속도가 최소가 되고, 강제 소용돌이에서 자유 소용돌이로 전환되는 점에서 주속도가 최대가 된다. '태풍의 눈'이라고 하는 태풍 중심 부분은 강제 소용돌이의 중심에 해당하므로 바람이 약하고, 주변의 강제 소용돌이와 자유 소용돌이와의 경계층에 해당하는 부분은 '태풍의 벽'이라고 하여 바람이 강해진다.

분체 등 혼합물을 함유한 기체나 액체 등의 흐름을 이용하여 필터를 사용하지 않고 혼합물을 분리하는 기계를 '분체 분리기'라고 한다. 그림 2와 같이 혼합물을 함유한 공기를 원통 용기 바깥 둘레를 따라 소용돌이를 만들듯이 흘려보낸다. 공기와 함께 흘려보낸 혼합물은 용기 내벽에 충돌하여 떨어지고 공기의 흐름에서 분리되어 용기 바닥에 쌓인다. 용기에 유입된 공기는 바깥 둘레에서 안쪽을 향할수록 주속도를 증가시키는 자유 소용돌이를 만들고 그 안쪽 공기는 자유 소용돌이로 인해 돌면서 강제 소용돌이를 만든다. 안쪽에 생긴 강제 소용돌이는 혼합물이 없는 공기만 흐르게 되어 용기 중앙 내부 통으로 배기된다. 공기의 흐름이 기상 현상의 사이클론과 비슷하기 때문에 '사이클론 분리기'라고도 불린다. 또한 혼합물의 원심력도 이용하기 때문에 '원심 분리기'라고도 한다. 이 구조를 가정용 진공청소기에 응용한 제품이 내부 통에서 공기를 빨아들이고 기류를 만들어 쓰레기용 필터를 사용하지 않은 사이클론식 청소기로 제작되어 각 제조사를 통해 발매되었다.

> Check!
> ● 자유 소용돌이와 강제 소용돌이의 경계점에서 소용돌이의 주속도가 최대가 된다.
> ● 필터를 사용하지 않는 사이클론 분리기가 있다.

그림 1   태풍의 모델

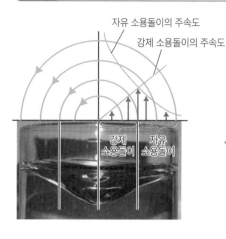

자유 소용돌이의 주속도

강제 소용돌이의 주속도

강제 소용돌이   자유 소용돌이

컵에 든 물을 숟가락으로 휘저은 후 안정되어가는 도중에 강제 소용돌이와 자유 소용돌이를 조합시킨 모습

일반적으로 태풍의 눈이라고 하는 부분은 강제 소용돌이의 범위이며 중심에 가까워질수록 주속도가 작아진다.

태풍 바깥 둘레는 자유 소용돌이이고 중심에 가까워질수록 주속도가 커진다.

강제 소용돌이와 자유 소용돌이의 경계에서 최대 주속도를 나타내며 그 범위를 태풍의 벽이라고 한다.

그림 2   분체 분리기

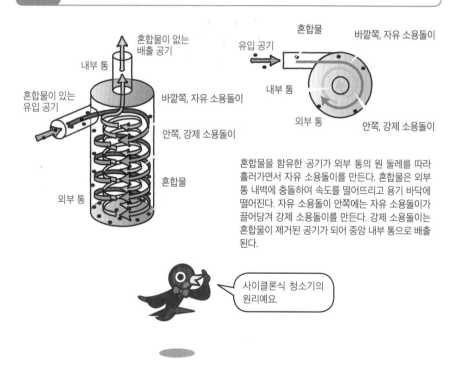

혼합물이 없는 배출 공기

내부 통

혼합물이 있는 유입 공기

바깥쪽, 자유 소용돌이

안쪽, 강제 소용돌이

혼합물

외부 통

혼합물

유입 공기

내부 통

외부 통

바깥쪽, 자유 소용돌이

안쪽, 강제 소용돌이

혼합물을 함유한 공기가 외부 통의 원 둘레를 따라 흘러가면서 자유 소용돌이를 만든다. 혼합물은 외부 통 내벽에 충돌하여 속도를 떨어뜨리고 용기 바닥에 떨어진다. 자유 소용돌이 안쪽에는 자유 소용돌이가 끌어당겨 강제 소용돌이를 만든다. 강제 소용돌이는 혼합물이 제거된 공기가 되어 중앙 내부 통으로 배출된다.

사이클론식 청소기의 원리예요.

용어 해설   사이클론 분리기 : 원심력을 이용하여 물과 기름을 분리하는 기구도 있다.

029 공기와 물의 흐름을 보기 위한
유선

우리는 바람에 날아가는 나뭇잎과 길게 뻗어 올라가는 연기의 움직임을 보면서 공기가 흐르는 속도와 방향을 알 수 있다. 강 수면을 가만히 바라보면 물에 떠있는 거품이나 수초의 움직임으로 물이 흐르는 모습을 알 수 있다. 유체가 흐르는 속도의 크기와 방향을 화살표로 표시한 것을 **속도 벡터**라고 한다. 그림 1의 **ⓐ**와 같이 유체 속에 있는 물체 주변의 각 점의 속도를 속도 벡터로 표시하고 각 점에서 화살표의 접선을 구해 완만하게 연결한 곡선을 **유선**流線이라고 한다. **ⓑ**와 같이 흐름을 탄 한 줄기의 연기나 실 모양을 스트로보 사진과 같이 순간적으로 관찰한 곡선은 **유맥선**流脈線이라고 한다. **ⓒ**는 유체와 함께 운동하는 미세한 입자 한 개의 이동 경로를 연속 사진으로 촬영하고 그 궤적을 연결한 곡선으로 **유적선**流跡線이라고 한다. 이러한 곡선은 정상류定常流에서는 모두 같은 경로를 보인다. 또한 **ⓓ**의 관로 속 흐름 등과 같이 유선이 다발과 같이 모인 것을 **유관**流管이라고 한다.

실험적으로 유선을 관찰하려면 유체가 기체인 경우에는 연기를 가느다란 선 모양으로 만들어 함께 흘려보내고, 액체인 경우에는 미세한 알루미늄 분말 등을 표면장력으로 액체 표면에 묻혀 액체와 함께 흘려보내 유체의 움직임을 본다. 그림 2는 주행하는 자동차 주변에 흐르는 유체의 모습을 관찰한 그림으로, 자동차 모형을 고정시키고 그 주변에 알루미늄 분말을 섞은 정상류를 흘려보내 자동차와 유체의 상대적인 운동을 관찰했다. 유선을 관찰했을 때 흐름에 흐트러짐이 없는 경우와 서서히 변화가 보이는 경우에 유선은 흐트러지지 않고 물체 표면 형상을 따라 흐르는 것을 관찰할 수 있으며, 물체의 형상이 급격하게 변화되는 부분에서는 유선도 크게 변하는 모습에서 유체 흐름의 변화를 알 수 있다.

Check!
- ➡ 유체의 흐름은 유체와 함께 운동하는 관찰 대상의 움직임을 보고 측정한다.
- ➡ 유선이 밀집되는 모습이나 소용돌이가 만들어지는 정도를 보고 유체의 변화를 추측할 수 있다.

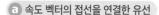 **그림 1** 유선과 유관

a 속도 벡터의 접선을 연결한 유선

이들 곡선은 정상류에서는
같은 경로를 보인다.

b 하나의 선으로 흐름을 표현한 유맥선

d 유선이 모인 유관

유선
유관

c 한 점의 흐름을 연결한 유적선

그림 2 흐름을 보고 알 수 있는 사실

흐름이 크게 변하고
압력이 높아졌다.

소용돌이가 발생하고 주변
보다 압력이 낮아졌다.

모형

미세한 알루미늄 분말을 수면에 뿌리고 관찰한 모형 주변의 흐름

• 유선의 간격이 조밀해진 부분에서는 압력이 낮아지고, 유선 간
격이 넓어지며 변화되는 부분에서는 유체의 압력이 높아진다
고 판단할 수 있다.
• 형상이 급격하게 변화하여 소용돌이가 생기는 점에서는 급격
한 압력 변화가 발생한다고 생각할 수 있다.

**용어
해설**

속도 벡터 : 속도를 화살표의 길이, 이동 방향을 화살표의 방향으로 나타낸 화살표를 말한다.
정상류 : 시간이 경과해도 유동특성이 일정한 상태를 유지하는 이론적인 흐름을 말한다.

030 사람이나 자동차도 유체와 동일한 움직임을 보인다
흐름의 개념

공기나 물 등 유체의 움직임은 질량을 갖는 미세한 입자의 연속된 운동으로 생각할 수 있다. 그림 1의 **a**와 같이 완만하게 변화하는 경로를 유체가 이상적으로 흐르는 경우에는 유선이 경로를 따라 흐른다. 우리 인간은 의사를 가지고 있지만 혼잡한 역의 구내에서는 각자의 생각대로 자유롭게 움직일 수 없어 **b**와 같이 주변 움직임에 맞추어 걸어야 할 때가 있다. 자동차를 운전하는 경우라면 **c**와 같이 주변 환경에 맞춰야 할 때가 한층 더 많아진다. 이런 상황에서는 사람이나 자동차도 흐름 속의 입자처럼 유체와 같이 움직인다고 생각할 수 있다.

유체가 그림 2의 **a**와 같이 급격하게 형상이 변화하는 크랭크 형태의 경로를 흐를 때는 유체 입자의 관성 때문에 흐름이 방향을 바꿀 때 지나쳐 가거나, 유체가 갖는 점성 때문에 벽과의 마찰 접촉으로 구석에 소용돌이를 발생시켜 정체되는 등 유로와 같은 형태의 유선을 만들 수가 없다. 일반적으로 사람의 움직임을 따라간 궤적을 **동선**動線이라고 한다. 동선은 한 입자의 움직임을 관찰했을 때 만들어지는 유선과 똑같으며 많은 사람의 동선은 유관과 같다. 크랭크 형태의 경로를 사람이나 자동차가 통과하려면 **b**와 같이 소용돌이를 만드는 구석진 곳을 피하고 유선과 똑같이 움직인다고 생각하면 된다. 또한 속도가 느린 경우는 문제가 없다고 해도 속도가 조금 빨라지면 진행 방향을 바꾸려고 할 때, 유체와 마찬가지로 지나쳐 가는 현상이 일어나는 경우가 있다. 그러므로 이러한 생각은 공공시설이나 도로 등의 설계 시에 고려되어야 한다.

유체나 사람, 자동차의 흐름을 원활하게 하기 위해서는 **c**와 같이 경로의 변경 부분을 완만하게 만들어 정체되거나 관성에 따른 영향을 경감시키려는 연구가 필요하다.

Check!
- ◎ 유체에는 관성이 있고 사람의 동선이나 자동차의 흐름은 유체의 움직임을 닮았다.
- ◎ 급격한 경로 변화가 정체점이나 지나쳐 가는 현상을 만든다.

그림 1	사람과 자동차는 유체를 닮았다.

a 유체의 흐름

b 사람의 흐름

c 자동차의 흐름

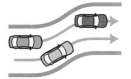

이상적인 유체의 흐름은 흐름의 경로에 따라 입자가 규칙적으로 정렬된다.

사람이나 자동차가 주변의 상황에 맞춰 원활한 흐름을 만들 때는 사람과 자동차가 유체 입자와 비슷하게 움직인다.

그림 2	유선과 동선

a 크랭크 형태의 흐름

소용돌이 부분에서는 정체가 생긴다.

관성에 의해 지나쳐 간다.

소용돌이

소용돌이

형상 변화가 급격한 경로에서 유체는 이렇게 흐르지 않는다.

b 사람의 동선은 유선을 닮았다.

이런 곳으로 걷는 사람은 적다.

빠른 속도로 지나쳐간 부분

이런 식으로는 걷지 않는다.

보통은 이런 경로가 된다.

c 경로를 완만하게 변경한다.

경로나 단면적의 급격한 변화를 피하고 부드러운 유선을 만든다.

용어 해설   정체점 : 유체의 움직임이 정체되는 점

031 수도꼭지를 여는 정도와 물의 흐름
층류와 난류

수도꼭지를 조절하여 물이 나오는 모습을 관찰하면 그림 1의 ⓐ와 같이 수도꼭지를 조금만 열고 물을 흘려보냈을 때 물은 조용히 흘러내린다. 이처럼 조용하고 유선이 정돈된 흐름을 **층류**層流라고 한다. 그러나 ⓑ와 같이 수도꼭지를 많이 열어 물의 흐름이 강해지면 물은 내뿜듯이 분출된다. 유선이 흐트러진 이러한 흐름을 **난류**亂流라고 한다. 층류와 같이 시간이 경과해도 일정한 상태를 유지하는 흐름은 **정상류**定常流라고도 한다. 엄밀히 말하면 층류는 좀처럼 존재하지 않는다. 실용상 유선이 가지런히 모인 잔잔한 정상류를 층류로 취급한다.

그림 2의 ⓐ 실험 장치는 용기에 물을 부어 놓고 용기 바닥에 있는 유리관에 달린 잠금 밸브로 유출되는 물의 양을 조절하여 유리관 내의 유속을 설정한다. 유리관에는 용기의 물과 함께 착색액을 실선 형태로 흐를 수 있도록 착색액 용기를 설치해 준다. 유리관의 유량이 작을 때는 유리관 속을 흐르는 수량이 적기 때문에 유속이 느리고 유리관 속은 층류가 되어 착색액이 흐트러지지 않고 한 줄기의 선 모양으로 흐른다. 잠금 밸브를 서서히 열면 유량이 커져 착색액의 흐름이 흐트러지고 층류에서 난류로 바뀌는 현상을 볼 수 있다. 이러한 장치를 **레이놀즈**Reynolds**의 실험 장치**라고 한다.

층류에서 난류로 바뀐 시점에 유량을 서서히 줄여도 잠시 동안은 층류로 되돌아가지 않는다. 층류에서 난류로 변하는 유량과 난류에서 층류로 변하는 유량에 차이가 있기 때문이다. 층류와 난류의 상태는 유속, 관의 굵기, 액체의 점성동점성계수으로 결정되며 이것을 수치화한 값을 **레이놀즈 수**數라고 한다. ⓑ와 같이 층류에서 난류로 옮길 때의 레이놀즈 수와 난류에서 층류로 변할 때의 레이놀즈 수를 **임계**臨界 **레이놀즈 수**라고 하며 층류와 난류가 함께 존재하는 영역을 **천이영역**遷移領域이라고 한다. 원형 단면인 관로에서 임계 레이놀즈 수는 2000~4000 정도라고 한다.

Check!
- ● 레이놀즈 수가 커지면 난류가 된다.
- ● 층류와 난류가 함께 존재하는 영역을 천이영역이라고 한다.

그림 1　수도꼭지로 보는 층류와 난류

ⓐ 정돈된 층류

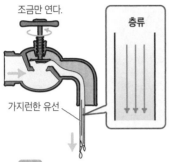

조금만 연다.

층류

가지런한 유선

층류

수도꼭지를 조금만 열었을 때, 물은 수도꼭지의 토수구 가장자리를 타고 조용히 흐른다.

ⓑ 흐트러진 난류

많이 연다.

난류

흐트러진 유선

난류

수도꼭지를 더 많이 열면 유량이 많아져 흐름이 흐트러진다.

그림 2　레이놀즈 수

ⓐ 레이놀즈의 실험 장치

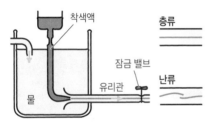

착색액

층류

잠금 밸브

유리관

난류

물

ⓑ 레이놀즈 수와 흐름

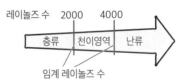

레이놀즈 수　2000　4000

층류　천이영역　난류

임계 레이놀즈 수

레이놀즈의 실험 장치는 잠금 밸브로 유리관을 흐르는 물의 유량을 조정하여 유리관 속 착색액의 흐름을 관찰한다. 착색액은 층류에서는 한 줄로 흐르고 난류에서는 흐트러진다.

용어 해설　레이놀즈 수 : (평균 유속 × 관의 지름) ÷ 유체의 동점성계수로 나타낸다. 레이놀즈(1842~1912년)는 영국의 물리학자이다.

032

물체의 형태가 낳는 저항력
압력과 마찰

조용히 불어오는 바람은 기분 좋게 느껴지지만 강하게 부는 맞바람을 맞을 때는 걷는 것을 방해하는 강한 힘을 느낄 수 있다. 그림 1의 ⓐ처럼 평평한 판에 수직으로 바람을 맞으면 판 표면에는 바람의 속도가 0이 된다. 속도가 0이 되면 바람이 갖는 속도 에너지는 판을 밀어내는 압력 에너지로 변환되어 판을 누르는 힘이 발생한다. 이처럼 속도가 0이 되는 점을 **정체점**停滯点이라고 하고 정체점에서 발생하는 힘을 **압력항력**壓力抗力이라고 한다. 압력항력은 운동을 방해하는 저항력이 되기 때문에 항력을 작게 만들기 위해서는 정체점의 면적을 작게 만들려는 연구가 필요하다. ⓑ와 같은 고속열차 앞쪽 끝의 형상은 진행 방향에 대한 정체점의 면적을 작게 하여 압력항력을 작게 만들 수 있다. 오른쪽의 형상은 왼쪽보다 정체점의 면적이 작아 주행 시의 압력항력을 감소시킴과 동시에 터널 진입 시 터널 내 공기를 순간적으로 압축시켜 발생하는 충격력을 감소시키는 효과도 낳는다.

공기에는 **점성**粘性이 있기 때문에 운동하는 물체에는 운동 방향과 수직 방향의 면에 발생하는 압력항력뿐 아니라, 표면에 그림 2와 같이 공기와의 접촉으로 인해 **마찰항력**摩擦抗力이 발생한다. 압력항력과 마찰항력은 물체의 형태에 따라 결정되므로 이 둘을 합한 개념을 **형상항력**形狀抗力이라고 한다. 운동하는 물체에 발생하는 공기저항의 영향은 **공기저항계수**空氣抵抗係數, 항력계수라는 값으로 나타낸다. 자동차 카탈로그 등에서 'C_D'라고 소개된 내용은 물체에 작용하는 모든 저항력을 합한 **전항력**全抗力을 속도의 제곱과 투영 면적의 곱으로 나눈 값에 비례하는 계수이다. C_D 값은 ⓑ와 같이 기본적인 형상에 대해 실험값에서 대략적인 값이 주어진다. 그림의 C_D 값은 예로 든 수치이며 형상이나 치수에 따라 달라진다.

Check!
- 정체점에서 속도 에너지가 압력 에너지로 변환된다.
- 공기 속을 유연하게 운동하는 물체의 공기저항계수는 작다.

그림 1   정체점과 압력항력

ⓐ 정체점

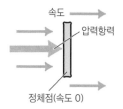

속도

압력항력

정체점(속도 0)

정체점에서는 속도 에너지가 압력 에너지로 변환된다.

ⓑ 압력항력

압력항력이 크다.

정체점이 크다.

압력항력이 작다.

정체점이 작다.

고속열차 앞쪽 끝의 형상으로 얻어지는 효과 중 하나는 터널 진입 시 압력항력으로 인한 충격력 경감이 있다.

그림 2   형태로 결정되는 저항력의 크기

ⓐ 공기의 저항력

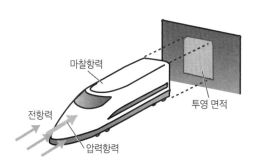

마찰항력

전항력

압력항력

투영 면적

압력항력과 마찰항력을 합한 개념을 형상항력이라고 한다.

ⓑ 공기저항계수

공기저항계수의 예

C_D

유선형 ⟶ 0.04

반구 ⟶ 0.34

원뿔 ⟶ 0.50

수직판 ⟶ 1.40

공기저항계수가 작을수록 유체의 저항력을 적게 받는다.

공기저항계수는 전항력을 속도의 제곱과 투영 면적의 곱으로 나눈 값에 비례한다.

용어 해설   공기저항계수 : 단위를 갖지 않는 무차원의 수

033

공기의 여러 가지 저항력
물체에 작용하는 항력

현대의 자동차나 열차, 비행기 등 유체 속을 고속으로 이동하는 물체의 형상은 가능한 한 요철을 피하고 물체 표면을 유체가 매끄럽게 통과할 수 있게 만들어 형상항력을 작게 만들도록 연구한다. 그러나 자동차의 사이드 미러나 비행기의 주날개 등 최소한의 부재의 조합을 피할 수는 없다. 이처럼 조합된 부품이나 유체 속에서 근접하는 물체 주변에서는 단품의 물체에 발생하는 항력이 서로 간섭을 하여 복잡한 항력을 발생시킨다. 이러한 항력을 **간섭항력**干涉抗力이라고 하며 형상항력을 합해 **유해항력**有害抗力이라고 한다.

그림 1의 ⓐ 소형 비행기에는 동체와 날개 결합부에 각각 단독으로 발생하는 항력이 서로 영향을 주어 간섭항력이 발생한다. 군용 스텔스기 등에서 채택되고 있는 ⓑ의 전익형全翼型 또는 익동융합형翼胴融合型으로 불리는 기본 구조에서는 동체와 날개의 결합부를 매끄럽게 만들어 간섭항력의 발생을 줄이고 있다.

트럭이나 버스 등 상자 모양의 자동차가 달리는 뒷부분에 작은 먼지 등이 소용돌이치는 광경을 본 적이 있을 것이다. 유체 속에서 운동하는 물체 윗면과 아랫면을 따라 흐르는 유체가 물체 뒤 끝에서 합류할 때, 위아래의 압력차이 때문에 윗방향으로 감아도는 세로 방향의 소용돌이가 발생하는 경우가 있다. 소용돌이는 운동 에너지를 감소시키는데 이러한 소용돌이로 인해 발생하는 저항력을 **유도저항**誘導抵抗이라고 한다. 이러한 소용돌이는 비행기나 고속열차, 자동차 등 운동하는 물체의 뒷부분에서 발생한다. 신형 고속열차가 등장하면 항상 차량 앞부분의 디자인이 주목을 끈다. 그러나 그림 2의 ⓐ와 같이 차량 앞부분은 동시에 뒷부분도 되기 때문에 앞쪽 형상의 디자인은 차량의 형상항력과 동시에 유도항력에도 영향을 준다. ⓑ의 비행기 날개나 레이싱 카의 윙 등의 날개 형상에서는 날개 뒷부분의 압력차이가 공기를 감아 돌게 하며 소용돌이를 만들고 유도저항이 발생한다.

Check!
- ◉ 형상항력과 간섭항력을 합해서 유해항력이라고 한다.
- ◉ 운동하는 물체 뒷부분에 생기는 소용돌이는 가시화 된 유도항력이다.

그림 1   간섭항력

ⓐ 일반 소형 비행기

동체와 날개에 발생한 항력이 서로
영향을 주어 간섭항력이 발생한다.

ⓑ 전익형, 익동융합형

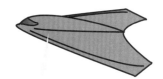

부품의 접속부나 조합 부분을 매끄
럽게 만들어 간섭저항을 피한다.

그림 2   유도항력

ⓐ 열차 뒷부분에 발생하는 항력

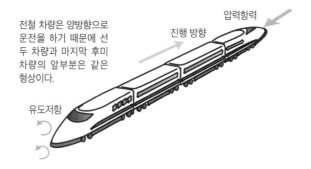

전철 차량은 양방향으로
운전을 하기 때문에 선
두 차량과 마지막 후미
차량의 앞부분은 같은
형상이다.

진행 방향

압력항력

유도저항

ⓑ 날개 형상으로 발생하는 항력

비행기 날개

저압 쪽

고압 쪽

유체가 고압 쪽에서 저압
쪽으로 흘러 소용돌이를 만
든다.

비가 내린 후나 비가 내릴 때
의 레이스에서 리어 윙 뒷부
분에서 생기는 소용돌이

용어
해설
   유도저항의 소용돌이 : 고압 쪽에서 저압 쪽으로 감아 도는 세로 방향의 소용돌이

034

흐름을 흐트러뜨려서 저항력을 감소시킨다
박리와 소용돌이

유체와 물체의 운동에 의해 상대 쪽 표면에 발생하는 마찰항력은 유체의 점성에 의한 **점착력**粘着力 때문에 발생한다. 그림 1의 **ⓐ**처럼 미소한 간격을 가진 평행 판 틈새에 유체를 채우고 한 쪽을 고정시킨 후 다른 쪽은 이동시킨다. 각 판에 접촉하는 유체가 접촉면에서 판과 똑같은 속도를 갖는다고 생각하면, 이동한 쪽 표면에 접촉하는 유체의 속도가 커지고 고정한 쪽 표면에 접촉하는 유체의 속도가 0이 된다. 그 사이는 거리에 비례한 분포를 보이는 **쿠에트**Couette **흐름**이 된다. **ⓑ**와 같이 간격이 충분히 넓거나 바닥면만 있고 윗면을 개방한 경우의 흐름에서는 고정시키는 벽에 접촉하는 점의 속도가 작고, 충분히 떨어진 점의 속도는 안정된다. 속도의 변화 부분에서는 경계면에 **전단력**剪斷力이 발생하여 점성 저항의 발생 원인이 된다. **ⓒ**와 같은 관로에서는 벽면의 속도가 0이고 중앙부가 최고 속도가 되는, 회전 포물면 형상의 속도 분포를 생각할 수 있다. 이러한 흐름을 **포아젤**Poiseuille **흐름**이라고 한다.

점성 유체 속에서 운동하는 물체에는 그림 2의 **ⓐ**와 같이 물체 표면을 따라 흐름으로 인해 점성의 영향을 크게 받아 유속이 느린 유체와 물체 표면에서 떨어져 있어 점성의 영향을 받지 않고 흘러서 유속이 빠른 유체가 상호 작용하여, **ⓑ**와 같이 바깥쪽에 고속 유체가 물체 표면에 접촉하고 흐르는 저속 유체를 벗겨내려고 하는 **박리**剝離 현상이 발생한다. 박리는 운동 에너지를 크게 감소시키는 동시에 운동 경로를 바꾸는 등의 영향을 끼친다. 이와 같이 유체의 경계면에 발생하는 점성으로 인한 저항력을 방지하는 방법 중에 강제로 만든 작은 소용돌이를 이용하는 경우가 있다. **ⓒ**와 같이 골프공 표면에 파놓은 딤플은 공 표면에 작은 소용돌이를 발생시켜 유체의 점성 때문에 유체 주변에 달라붙는 현상을 방지하고 공이 안정되게 직진할 수 있도록 작용한다. **ⓓ**는 고속열차의 팬터그래프 받침대이다. 받침대 옆면에 요철을 넣어 표면에 공기의 작은 흔들림을 만들어 공기의 점착력을 경감시킨다.

Check!
- ◎ 점착력은 저항력을 낮는다.
- ◎ 점성 때문에 발생하는 저항력은 유체와의 접촉면에서 최대가 된다.

그림 1 | 유체의 점착력

a 미소한 틈새의 전단력

미소한 틈새가 있는 평형판에서는 고정판에서의 수직 방향 거리와 속도가 비례한다. 이러한 흐름을 쿠에트 흐름이라고 한다.

이동하는 쪽

속도

고정하는 쪽

┅┅┅┅▶ 경계면

속도 차이 때문에 경계면에 전단력이 생긴다.

b 유체의 속도 분포

고정 벽과 충분히 떨어진 점에서는 유체의 속도가 안정된다.

속도

고정 벽

c 관로의 흐름

속도

관로 등의 흐름에서는 중앙부에서 최대 속도를 보인다. 이러한 흐름을 포아젤 흐름이라고 한다.

그림 2 | 박리

a 점성 유체 속에 있는 물체

점성의 영향 작다.
점성의 영향 크다.

이 근방을 생각하면

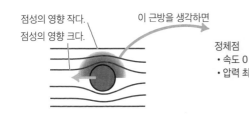

b 박리 발생

정체점
· 속도 0
· 압력 최대

흐름이 역방향

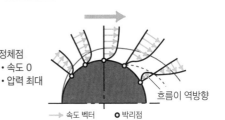

→ 속도 벡터   ○ 박리점

c 골프공의 딤플

딤플

소용돌이

공

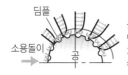

골프공 표면에 딤플이 만드는 작은 소용돌이가 공기의 점착을 방지한다.

d 고속열차의 팬터그래프 받침대

트롤리 선

주체

트롤리 선에서 집전하는 주체를 잡아주는 받침대에 가공한 요철로 받침대 주변 공기의 점착을 방지한다.

용어
해설

전단력 : 경계면 양쪽에 역방향으로 동일한 크기를 갖는 힘이다.
주체 : 舟體, 집전주(集電舟)라고도 한다.

035 저온의 물속에서 발생하는 기포
캐비테이션①

상온에서 물속에 공기를 넣으면 기포가 되어 떠오르기 때문에 액체와 공기는 섞이지 않는 것처럼 보인다. 그러나 물을 가열하여 끓이면 물속에서 기포가 발생하는 모습에서 물속에는 기포의 근원이 되는 공기가 있다는 사실을 알 수 있다. 액체와 기체의 조합은 압력과 온도 조건에 따라 상태가 크게 변한다.

그림 1의 ⓐ 와 같이 빌딩이나 아파트 등의 건물에는 어디나 할 것 없이 수도 배관에서 연속적인 이음異흡이 나고 ⓑ 와 같이 수도꼭지를 여는 방법에 따라 수도관 속에서 '쏴' 하는 소리를 들은 경험도 있을 것이다. 그 원인 중의 하나가 수도관 속에 기포가 발생하는 **캐비테이션**Cavitation 현상이다.

그림 2의 ⓐ 처럼 물을 가열하면 액체 속에 녹아 있던 기체의 압력이 주변 압력보다 높아져 기포를 발생시킨다. 이것이 끓는 현상이다. ⓑ 와 같이 유로가 변해 액체의 압력이 국부적으로 낮아지고 액체에 녹아 있던 기체의 압력이 주변 액체의 압력보다 높아져서 기포가 성장하는 현상이 캐비테이션이다. 이와 같이 물속에서 기포가 발생할 때의 온도와 압력을 **포화온도**飽和溫度, **포화압력**飽和壓力이라고 한다. 캐비테이션은 파이프가 급하게 꺾이거나 밸브에서 유량을 극단적으로 줄이는 등 유속이 급격하게 증가하거나 압력이 급격하게 낮아진 부위에서 발생한다. 기포는 압력이 높은 점으로 흐르면 찌그러지는데 이때 진동과 소음을 발생시키므로 펌프나 관로 등을 손상시키는 원인이 된다.

우리들 몸에서 ⓒ 와 같이 관절에서 '우드득' 하는 소리나 손가락에서 '뽀깍' 하는 크래킹 소리가 들리는데 이것은 관절 안에서 윤활 역할을 하는 활액滑液 속에 진공에 가까운 부분이 생겨 작은 기포가 발생하고 이것을 터뜨려 큰 소리를 내는 현상으로서 캐비테이션이라고 한다.

Check!
◐ 액체 속에서 기포가 발생하는 현상을 캐비테이션이라고 한다.
◐ 캐비테이션은 국부적인 압력 저하 때문에 발생한다.

그림 1   수도관의 소음

ⓐ 건물에 전달되는 진동

상부 저수조

이상 진동

실내 배관

본관

하부 저수조

실내 배관 설비 중 어느 곳에서 발생한 이상한 진동이나 소음이 관로에 전달되어 멀리 떨어진 곳으로 전달된다.

ⓑ 수도꼭지의 진동

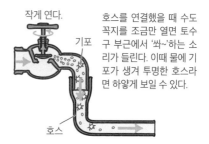

작게 연다.

기포

호스

호스를 연결했을 때 수도 꼭지를 조금만 열면 토수구 부근에서 '쏴~'하는 소리가 들린다. 이때 물에 기포가 생겨 투명한 호스라면 하얗게 보일 수 있다.

그림 2   끓이기와 캐비테이션

ⓐ 끓이기

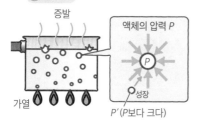

증발

액체의 압력 P

가열

성장

P' (P보다 크다)

가열하면 물속에 있는 기체의 압력이 주변 압력보다 높아져서 기포가 생긴다. 주변의 압력과 균형을 이룰 때까지 커진다.

ⓑ 캐비테이션

주변 압력 때문에 터진다.

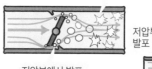

저압부에서 발포

저압부에서 발포

유속이 높아지는 점의 압력이 물속 기체 압력보다 낮아지면 기포가 생긴다. 성장한 기포는 압력이 높은 곳에서 터져 진동이나 소음을 발생시킨다.

ⓒ 관절에서 나는 우드득 소리

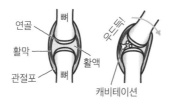

연골

뼈

활막

활액

관절포

뼈

우드득!

캐비테이션

손가락 관절을 구부려서 '뽀깍뽀깍' 소리가 나는 크래킹은 관절을 갑자기 꺾었을 때 관절에서 윤활제 역할을 하는 활액 속에 국부적인 진공 부분이 생겨 작은 기포가 발생하고 이것이 터져서 큰 소리를 내는 현상이므로 캐비테이션이라고 한다.

용어 해설

포화온도 : 표준 대기압에서의 물의 포화온도는 100℃이다.

포화압력 : 100℃ 물의 포화압력은 1기압이다.

'물거품'도 사용하기 나름
캐비테이션②

캐비테이션은 압력과 온도의 조합에 의해 발생한다. 압력 변화와 온도 변화를 취급하는 유체 기기에서 캐비테이션은 본래 효과적으로 사용되어야 할 에너지가 기포를 발생시키는데 사용되기 때문에 에너지 손실을 유발한다. 또한 기포가 파괴될 때 진동이나 소음 등이 발생한다. 이런 점에서 유체 기기에서는 캐비테이션을 바람직하지 않은 현상으로 생각한다. 그림 1의 ⓐ 스크류는 축의 회전을 이용하여 물의 속도와 압력을 급격하게 변화시켜 추진력을 얻는 작용을 한다. 스크류에는 저압 부분이 발생하기 때문에 캐비테이션이 발생하기 쉽고 기포가 터질 때 진동이나 소음이 발생하여 성능 저하나 스크류 손상의 원인이 된다. ⓑ의 자동차 엔진에서는 냉각 계통인 라디에이터, 히터 등의 방열기나 관로 등이 휘어서 단면적 변화를 동반하기 때문에 관로 안에 저압 부분이 생기기 쉽고 엔진 과열로 인해 고온이 되면 캐비테이션이 쉽게 발생된다.

한편 우리 생활 속에서는 캐비테이션이 만들어 내는 국부적인 진동 에너지와 충격력을 적극적으로 이용하는 경우가 상당히 많다. 그림 2의 ⓐ는 초음파 세정기로 잘 알려져 있는 예이다. 초음파를 발생하는 진동자로 물에 캐비테이션을 발생시켜 무수히 많은 기포를 만들고 기포가 터질 때 발생하는 미세한 진동으로 안경 등을 세정한다. ⓑ는 담석 등의 결석에 국부적으로 초음파를 내리쬐어 캐비테이션을 발생시키고 기포 파괴 시의 높은 진동 에너지로 결석을 파쇄해 개복 수술을 하지 않고 치료하는 예이다. 미용 성형에서는 초음파 진동으로 피부에 캐비테이션을 발생시켜 지방세포막을 파괴하고 지방을 줄이는 시술도 채택되고 있다.

Check!
◐ 캐비테이션은 기포가 터질 때 진동 에너지를 발생시킨다.
◐ 초음파 진동으로 캐비테이션을 발생시킬 수 있다.

그림 1 기계에 유해한 캐비테이션

ⓐ 스크류

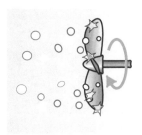

스크류가 회전하면서 만들어지는 저압부에서 발생하는 캐비테이션은 진동이나 부식의 원인이 된다.

ⓑ 엔진의 냉각 계통

히터

엔진

냉각수 배관

라디에이터

배관이나 펌프 등의 저압 부분에 엔진의 과열로 인해 고온이 되면 냉각 계통이나 연료 계통에 캐비테이션이 쉽게 발생하게 된다.

그림 2 사람에게 유익한 캐비테이션

ⓐ 초음파 세정기

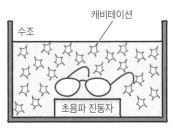

수조

캐비테이션

초음파 진동자

초음파 진동으로 물에서 캐비테이션을 발생시키고 작은 기포가 파괴되면서 발생하는 충격파의 진동을 물속에서 일으켜 안경 등을 세정한다.

ⓑ 초음파 파쇄

초음파

결석이나 지방 등의 대상물

초음파를 이용한 캐비테이션으로 신체에 수술을 하지 않고 시술한다.

용어해설 　초음파 : 인간의 귀에 들리지 않는 진동수의 음파. 거의 2만 헤르츠(Hz) 이상이다.

탄산음료와 캐비테이션

콜라나 맥주, 샴페인 등 탄산가스(이산화탄소)를 함유한 음료의 뚜껑이나 따개를 열면 '푸쉬' 하는 소리를 내며 거품이 일어난다. 지금까지 의식하지 않았던 일상 속의 체험이지만 이 현상도 캐비테이션의 일종이라고 할 수 있다. 여기에서 일종이라고 구분을 짓는 이유는 캐비테이션은 본문에서 설명했듯이 엄밀하게 말하면 다음과 같은 일련의 현상을 말하기 때문이다.

❶ 관로, 펌프 등에서 흐르는 에너지 상태에 변화가 일어난다. ❷ 국부적인 압력 저하가 일어난다. ❸ 포화 상태인 기체가 팽창하여 기포가 된다. ❹ 기포가 터져 진동, 소음이 발생한다. 따라서 유체 기기에서는 압력 유체를 내보내는 파이프나 펌프, 스크류 등에 발생하는 기포의 파괴를 동반하는 공동 현상을 캐비테이션이라고 부른다.

탄산음료 등은 거의 3기압에서 4기압 정도의 압력으로 탄산가스를 음료에 녹여 밀봉한다. 탄산음료의 뚜껑을 열면 거품이 생기는 이유는 용기 내부의 압력이 단시간에 대기압으로 저하되면서 녹아 있던 탄산가스가 팽창하여 기포를 발생시키기 때문이다. 엄밀하게 말해서 캐비테이션과 달리 탄산음료의 발포 원인이 ❶의 흐름의 에너지 변화가 아니라는 점 때문에 캐비테이션의 일종이라고 말하는 것이다.

캐비테이션을 응용하여 맥주에 거품을 내는 장치가 있다. 음식점에서 생맥주를 주문하면 깨끗한 거품이 표면에 덮여 나온다. 이 거품은 초음파 진동자로 미세한 진동을 맥주에 가하거나 미세한 구멍에서 소량의 고압 미네랄수를 맥주 액면에 분사하는 등의 방법으로 맥주 속에 있는 탄산가스에 캐비테이션을 발생시켜 입자가 고운 거품을 만들어내는 것이다.

제 4 장

운동하는 유체를 배우다

운동하는 유체는 여러 가지 일을 수행할 수 있다.

유체가 가지고 있는 에너지와 유체가

다른 물체에 미치는 효과 등은 공을 던졌을 때의

운동과 똑같다고 생각할 수 있다.

가정의 수도 설비를 배워 보자
물이 흐르는 양

우리의 생활 기반이 되는 수도 설비는 압력을 가한 물이 급수관 본관에 항상 채워져 있다. 그림 1과 같이 본관에서 가정으로 들어오는 관로 도중에는 물의 사용량을 계량하는 미터기가 설치되어 가옥 내의 수도 설비에 물이 항상 공급되고 있다. 우리는 수도꼭지의 밸브를 열고 닫으면서 흘러나오는 수량을 조정할 수 있다. 1계통의 배관 속에서는 관로 어디나 수도꼭지에서 나오는 물의 양과 같은 양이 흐르고 있다. 가정 내에 있는 모든 수도 설비에 연결되는 관로는 계량 미터기를 통과한 후에 분기된다. 따라서 본관과 가정 내 관로 도중에 설치한 계량 미터기로 가정에서 사용한 물의 총량을 알 수 있다.

그림 2의 ⓐ와 같이 호스를 연결한 수도꼭지를 적당히 잠근 상태에서 호스 끝부분을 누르면 끝에서 나오는 물의 세기가 강해지는 것을 느낄 수 있다. 양동이 등의 용기에 일정량의 물이 채워지는 시간은 호스 끝을 막았는지 여부에 상관없이 거의 똑같기 때문에 단위 시간당 유량이 동일하다면 출구 면적이 작을수록 물의 세기가 강해진다는 사실을 알 수 있다. 이 물의 세기는 물의 속도로 나타낸다.

일반적으로 그림 2의 ⓑ와 같이 수도꼭지에 샤워 헤드를 달면 물을 절약할 수 있다고 한다. 단위 시간당 유량이 샤워기를 달지 않았을 때와 똑같아도 샤워기를 사용하면 물이 미치는 범위가 넓어져 씻는 시간이 단축되어 절수로 이어질 수 있다. 또한 절수형이라고 말하는 샤워 헤드에는 내부 구조나 구멍 수, 구멍의 크기를 연구하여 단위 시간당 유량을 감소시키면서 충분한 샤워기 수류를 내보내 절수를 실현할 수 있다. 샤워기에 연결하는 관로의 유량과 샤워기 물줄기의 유량은 같다.

Check!
- ◉ 관로 속을 흐르는 유체의 양은 어디나 똑같다.
- ◉ 관로 속을 단위 시간당으로 흐르는 물의 양은 똑같다.

그림 1 가정의 수도 관련 설비를 살펴보면

가정 내 상수도 설비 이미지

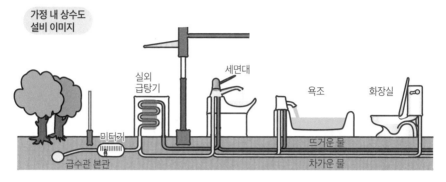

급수관 본관에서 부지 내의 미터기로 들어온 물은 여러 가지 설비에 사용되는데 사용한 물의 총량은 미터기를 통과하는 양과 똑같다.

그림 2 호스 끝과 샤워 헤드

a 호스 끝

호스 끝을 잡고 막으면 물의 세기가 강해진다.

호스를 연결한 수도꼭지를 일정하게 열고 호스 끝을 막으면 호스에서 흐르는 물의 속도가 커진다. 분출되는 물의 세기는 물의 속도로 느껴진다.

b 샤워 헤드

샤워기를 사용하면 물의 사용량을 절약할 수 있다.

샤워기로 물을 뿌리면 때를 닦아 내는 면적을 넓히고 물 사용량을 줄인다. 샤워 헤드의 구멍 수나 크기를 연구하여 충분한 물의 흐름을 유지하면서 단위 시간당 흐르는 수량을 줄일 수 있다.

용어 해설 유량 : 유체가 흐르는 양을 단위 시간당 값으로 표시한다.

91

038

흐르는 양은 어디서나 똑같다
연속의 식

그림 1과 같이 항상 압력이 가해져 있고 가득 채워진 유체가 정상류로 흐르고 있는 관로에서 관로 외부와의 유체 출입이 없다면 관로 어느 위치에서든 단위 시간당 흐르는 유체의 양은 똑같다. 이것은 유체의 **질량 보존의 법칙**이고 단위 시간당 흐르는 유체의 유량에는 부피로 나타내는 **체적유량**體積流量을 기본으로 하여 질량으로 나타내는 **질량유량**質量流量, 무게로 나타내는 **중량유량**重量流量 등이 사용된다. 관로 내를 운동하는 유체의 체적유량은 관로의 임의의 한 점을 흐르는 유체의 속도를 측정하여 측정 부분 관로의 단면적 × 속도로 구할 수 있다. 체적유량으로 질량유량이나 중량유량을 알려면 질량 = 부피 × 밀도, 중량 = 부피 × 밀도 × 중력가속도 = 부피 × 비중량으로 환산한다.

관로 내의 정상류에서 질량이 보존되고 있음을 나타낸 식을 **연속의 식**이라고 한다. 그림 2와 같이 닫힌 관로나 유관의 임의의 점에서 체적유량은 동일하고 연속의 식은 '면적1 × 속도1 = 면적2 × 속도2 = 일정하다'로 나타낸다. ⓐ의 직선 관에서는 점 ❶과 점 ❷의 단면적이 동일하므로 속도1과 속도2는 똑같다. ⓑ와 같이 지름이 일정하게 변화하여 단면적이 변하는 관로를 **점차확대관**이라고 하며, 점 ❶에서 점 ❷를 향해 흐르는 유체의 체적유량이 동일하다는 점에서 속도2는 속도1을 기준으로 두 점의 단면적에 반비례하므로 감소한다. ⓒ의 유관에서는 점 ❶의 단면적이 점 ❷의 단면적보다 크기 때문에 속도2는 단면적에 반비례하고 속도1보다 커진다. 이처럼 유체가 관로 내를 가득 채우면서 운동할 때 연속의 식 '체적유량 = 단면적 × 속도 = 일정'을 이용하면 한 점에서 관로의 유량이 알려지면 임의의 점의 속도 또는 단면적을 구할 수 있다.

Check!   ◐ 연속의 식은 정상류에서의 체적유량(면적 × 속도)이 일정하며 압력은 관계없다.

그림 1 유체의 질량은 보존된다.

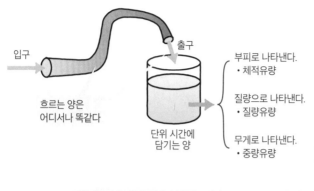

입구

출구

흐르는 양은
어디서나 똑같다

단위 시간에
담기는 양

부피로 나타낸다.
• 체적유량

질량으로 나타낸다.
• 질량유량

무게로 나타낸다.
• 중량유량

유체가 가득 채워진 상태에서 이동하는 관로에서는 다른 곳에서의 유입이나 다른 곳으로의 유출이 없다면 임의의 장소에서 단위 시간에 흐르는 유량이 모두 똑같다. 이것을 '유체의 질량은 보존된다'라고 하며 단위 시간에 흐르는 유량은 부피, 질량, 무게 등으로 나타낸다.

유체의 유량은 체적유량을 기준으로 하여
• 질량유량 = 체적유량 × 유체의 밀도
• 중량유량 = 체적유량 × 유체의 밀도 × 중력가속도 = 체적유량 × 비중량

그림 2 연속의 식

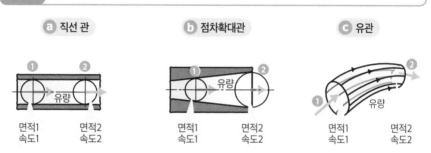

ⓐ 직선 관

ⓑ 점차확대관

ⓒ 유관

유량

유량

유량

면적1
속도1

면적2
속도2

면적1
속도1

면적2
속도2

면적1
속도1

면적2
속도2

연속되는 정상류의 유량은 어느 장소에서나 똑같고 유량은 면적 × 속도이므로
면적1 × 속도1 = 면적2 × 속도2

에서 속도2 = 속도1 × $\dfrac{면적1}{면적2}$ 가 되므로 속도는 단면적에 반비례한다.

용어
해설

체적유량 : 면적(m²) × 속도(m/s) = 부피(m³)/시간(s)

질량유량 : 밀도(kg/m³) × 체적유량(m³/s) = 질량(kg)/시간(s)

039

유체의 에너지 보존 법칙
베르누이의 정리

유체는 질량을 갖는 입자의 덩어리이므로 운동하는 물체가 에너지를 갖는 것처럼 운동하는 유체도 에너지를 갖는다. 운동하는 유체의 에너지는 속도 에너지, 위치 에너지, 압력 에너지로 나타낸다. 에너지는 형태를 변환시켜도 그 총량은 변하지 않는다. 그림 1과 같이 밀폐된 관로를 정상류로 흐르는 이상 유체에 '에너지의 총합은 불변'이라는 에너지 보존의 법칙을 적용시킨 이론을 **베르누이**Bernoulli**의 정리**라고 한다. 유체의 에너지를 물기둥의 높이로 환산해서 나타낸 것을 **수두**水頭, 헤드라고 하고 속도 에너지를 **속도 수두**速度水頭, 높이에 의한 위치 에너지를 **위치 수두**位置水頭, 압력 에너지를 **압력 수두**壓力水頭라고 하며 이들을 합한 전체 에너지를 **전수두**全水頭라고 한다. 에너지는 형태를 바꾸어도 총량은 변하지 않으므로 위치 ❶과 위치 ❷와 같이 측정 위치가 다르고 가 에너지의 크기가 변환해도 전수두는 일정하다.

그림 2의 ⓐ와 같이 수평으로 단면적이 일정한 관을 흐르는 정상류는 어디를 측정해도 위치 수두, 속도 수두, 압력 수두 각각의 크기가 일정하고 전수두도 똑같다. ⓑ와 같이 단면적이 변하는 수평관에서는 임의의 측정점에서 위치 수두는 일정하고, 압력 수두와 속도 수두가 서로 교환되어 전수두가 똑같아진다. 그림의 예에서는 점 ❷의 단면적이 점 ❶의 단면적보다 작으므로 연속의 식에서 점 ❷의 속도가 점 ❶의 속도보다 커지고 속도 수두가 증가한다. 베르누이의 정리에서 점 ❶과 점 ❷의 전수두는 일정하므로 점 ❷에서는 속도 수두가 증가한 만큼 압력 수두가 감소한다. 베르누이의 정리는 이상 유체인 정상류를 조건으로 한다. 이러한 이상적인 상태는 실제로 없으나 많은 기기에서 베르누이의 정리와 유사한 '속도가 큰 장소에서는 압력이 낮다'라는 현상이 응용되고 있다.

Check!
◆ 베르누이의 정리는 이상적인 흐름의 상태를 조건으로 한다.
◆ 속도가 큰 장소에서는 압력이 낮다.

그림 1 　 에너지의 총량은 불변

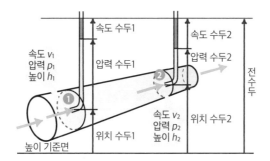

- 유체의 밀도 ρ(kg/m³)
- 중력의 가속도 g(m/s²)
- 속도 v(m/s)
- 압력 p(Pa)
- 기준면에서의 높이 h(m)

일 때 각 에너지를 물기둥의 높이로 환산하여,
'전수두 = 속도 수두 + 위치 수두 + 압력 수두 = 일정'으로
나타낸다.

$$H(m) = \frac{v^2}{2g} + h + \frac{p}{\rho \cdot g} = 일정$$

그림 2 　 에너지가 변환된다는 뜻은?

ⓐ 단면적이 일정한 수평관　　　　　ⓑ 단면적이 변하는 수평관

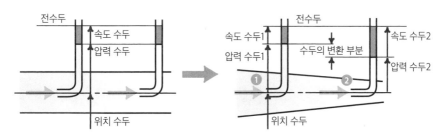

수평관의 단면적이 변하면 연속의 식에서 속도가 변하고 속도 수두 변화량과 압력
수두 변화량이 서로 교환된다. 베르누이의 정리에서 전수두는 일정하다.

용어
해설
수두 : 헤드(head). 수위의 차이를 나타낸다.
베르누이 : 다니엘 베르누이(1700~1782년). 스위스 출신 물리학자이다.

040

베르누이의 정리를 응용하다
베르누이 효과①

우리 주변에서는 많은 도구와 기기에 '속도가 빠른 장소에서는 압력이 낮다'는 현상이 이용되고 있다. 그러나 실제 현상에서 유체는 점성을 가지며 완전한 정상류나 밀폐 관로에서의 운동이 아닌 경우 등, 엄밀하게 말하면 베르누이의 정리가 성립되었다고는 말하기 어려운 상황이 적지 않다. 이런 경우의 기술적인 설명에 **베르누이 효과**라는 표현이 사용되고 있다. 하모니카는 숨을 내쉬거나 들이마시며 내부의 리드얇은 진동판를 진동시켜 소리를 내는 악기이다. 하모니카 내부에는 그림 1의 ⓐ와 같이 숨을 들이마셨을 때 울리는 리드와 내쉬었을 때 울리는 리드가 조합을 이루고 있다. 이들 리드는 ⓑ와 같이 미소한 틈새로 플레이트에 달라붙어 숨을 들이마시거나 내쉴 때 공기의 유동에 의해 발생하는 베르누이 효과로 지압에서 흡인되고 리드의 탄력으로 되돌아오는 진동을 이용해 소리를 낸다.

그림 2는 압축 공기를 사용하는 도장용 스프레이건의 예이다. 도료를 분사하지 않을 때는 스프레이건에 공급되는 압축 공기는 공기 밸브로 닫혀 있고 도료는 니들 밸브로 닫혀 있다. ⓐ의 레버를 당기면 공기 밸브가 열리고 다음에 니들 밸브가 열린다. 공기 밸브가 열리면 노즐 부분에서는 처음에 ⓑ와 같이 앞쪽 끝에서 압축 공기가 분출된다. 압축 공기의 분출구는 단면적이 좁아져 압축 공기가 대기를 향해 고속으로 분출되기 때문에 압축 공기 분출구 주변은 대기압보다 낮은 부압을 만든다. 이 부압 부분에 도료의 분사구를 설치하면 도료 컵 안에서 대기압을 받은 도료가 대기압과 부압의 압력 차이로 컵에서 분출구로 흐른다. 도료의 분출구에서는 니들 밸브를 통해 틈새의 유로 면적이 조정되어 흐르는 도료의 유량이 조절된다.

Check!
● 베르누이 효과는 산업계에서 사용되는 기술 용어이다.
● 고속으로 분출된 압축 공기가 부압을 만든다.

그림 1   하모니카의 베르누이 효과

ⓐ 하모니카의 단면

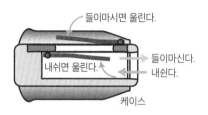

ⓑ 리드의 베르누이 효과

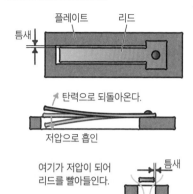

리드에서 소리가 나는 구조
- 플레이트와 리드가 만드는 미세한 틈새에 공기가 흐른다.
- 틈새 주변에서 공기의 속도가 상승하고 압력이 저하된다.
- 리드가 흡인된다.
- 빨아들였던 리드가 탄력으로 되돌아간다.
- 흡인과 복귀가 반복되어 리드가 진동하면서 소리를 낸다.

그림 2   스프레이건

ⓐ 스프레이건의 개략

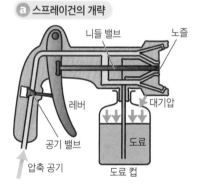

ⓑ 노즐 부분

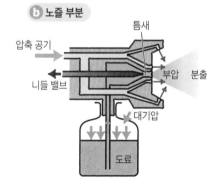

용어
해설
리드 : 금속 등으로 만든 얇은 판 형태의 진동판으로서 주로 공기의 유동을 이용한다.
니들 밸브 : 끝부분이 뾰족한 바늘 형태의 밸브이다.

041

유체의 속도와 압력을 이용하다
베르누이 효과②

반도체의 웨이퍼와 액정 디스플레이의 생산 공정에서는 재료나 중간 제품 표면에 흠집을 내지 않고 운반하기 위해 여러 가지 방법이 사용되고 있다. 그림 1의 ⓐ와 같이 관로 출구의 유로 단면적을 작게 만든 유로에 압축 공기를 흘려보내면 유로 출구에서의 속도가 상승하고 압력이 낮아져 주변 대기압에 대해 부압 부분이 발생한다. 이 부분에 웨이퍼 등의 운반 재료를 접근시키면 대기압과 부압의 관계로 인해 재료가 헤드에 딸려 간다. 여기서 재료는 헤드에서 고속으로 분출되는 유체로 인해 되돌아오는 작용을 받으므로 헤드에 바싹 달라붙는 것이 아니라 대기압과 분류 사이에 끼어 헤드와 미소한 간격을 유지하며 비접촉 상태로 운반된다.

ⓑ와 같이 유로 단면적을 연속적으로 변화시킨 잘록한 관을 **벤투리**Venturi**관**이라고 하며 최소 단면적 부분을 **목**이라고 한다. 목에서는 유속이 최대, 압력이 최소가 된다.

ⓒ와 같이 벤투리관의 목 바로 앞부터 뒤쪽 넓은 부분을 향해 압축 공기를 공급하면 목 저압부를 향해 흡입구에서 공기가 유입되고 토출구에서 분출되는 공기가 주변 공기를 끌어들이기 때문에 공급한 압축 공기의 유량을 증폭시킨 유량을 얻을 수 있다. 이것은 **유량증폭기**流量增幅器라고 하며 재료의 세정, 물 빼기, 냉각, 운반 등에 이용된다.

레이싱 카의 다운포스接地力를 높이는 방법으로 그림 2와 같이 차체 아래쪽에서 베르누이 효과가 발생하도록 차체 뒷부분에 있는 공기 출구의 형태를 확장시킨 '디퓨저Diffuser'라는 구조가 채택되어 레이싱 카의 다운포스를 확실하게 향상시킬 수 있게 되었다. 반면에 공기의 흐름에 큰 변동이 생기면 차체의 균형이 한 순간에 무너지는 위험성을 함께 가지고 있으므로 차량 규격으로 규제하고 있다.

Check!
◎ 베르누이관은 단면적을 연속적으로 변화시키며 잘록한 부분이 있는 관이다.
◎ 벤투리관의 목 부분은 최소 단면적이며 최대 속도, 최소 압력 상태이다.

그림 1　비접촉 운반과 공기 유량증폭기

ⓐ 비접촉 운반

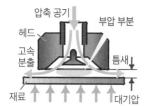

재료는 대기압과 부압의 차이로 헤드 쪽으로 딸려감과 동시에 분류로 인해 되돌아온다. 그래서 헤드와 미소한 틈새를 만들어 헤드가 움직이는 대로 따라 움직인다.

ⓑ 벤투리관

목 부분은 속도가 크고 압력이 낮다.

ⓒ 유량증폭기

공급한 압축 공기로 인해 목 부분에 저압부가 발생한다. 대기압 흡입구에서 부압부로 공기가 유입되면 공급한 압축 공기와 함께 유출되어 공기량이 증폭된다.

그림 2　레이싱 카의 공기력 특성

다운포스

차체 뒷부분에서 공기의 출구를 확장한 디퓨저

여기에 저압 부분이 발생하여 차체를 노면으로 누르는 다운포스가 발생한다.

차체 뒷부분

공기의 흐름을 유도하는 정류판

지면과의 틈새도 공기력 특성을 향상시키는 데 사용하다니, 레이싱 카는 정말 뭐든 허투루 사용하는 법이 없네요.

용어해설　벤투리관 : 벤투리(G.B.Venturi, 1746~1822년)가 만들었다.

042 비행기와 자동차의 속도를 측정하다
피토관

그림 1의 ⓐ와 같이 압력과 속도가 있는 물이 흐르는 관로 중앙 P에 수직관과 굴곡관을 세우면, 수직관에서는 P점 유체의 압력 수두가 물기둥 높이로 되고, 이것을 **정압**靜壓이라고 한다. 굴곡관에서는 구부러진 관 끝부분에 **정체**가 생기므로 P점의 속도 수두가 압력 수두로 변환되고, 이것을 **동압**動壓이라고 한다. 정압과 동압의 합이 물기둥의 높이가 되고 유체가 갖는 모든 에너지가 되므로 이것을 **총압**總壓, 전체압이라고 한다. 굴곡관과 같이 물의 전체 에너지를 물기둥으로 나타내는 관을 **피토**Pitot**관**이라고 한다. 총압과 정압의 차이를 알면 동압을 구할 수 있으므로 이것으로부터 유체의 속도를 알 수 있다. 실제 피토관에서는 ⓑ와 같이 두 개의 측정 경로를 하나로 조합하여 정체점의 동압을 구할 수 있다. 실용적으로 동압을 검출하려면 ⓒ와 같은 U자관으로 총압과 정압의 차압을 구하거나, U자관 부분을 압력 센서로 바꾸어 동압을 전기 신호로 변환하는 등의 방법을 이용한다.

비행기나 자동차와 같이 운동하는 물체와 주변 공기와의 상대 속도를 **대기속도**對氣速度라고 한다. 피토관은 소형으로서 자유로운 형태로 만들 수 있으므로 장착하는 장소도 자유롭게 설정할 수 있다. 그림 2와 같이 항공기에는 주변 대기와의 상대 속도를 측정하기 위해 비행기 머리 끝부분과 옆면, 비행기 머리 윗부분, 날개 아랫부분 등에 피토관을 장착한다. 레이싱 카에는 차체 앞부분에 장착한다. 그런데 '타이어 회전으로 노면에 대한 대지속도를 측정할 수 있는 레이싱 카는 왜 대기속도가 필요할까'라는 의문이 들지도 모르겠다. 직선으로 시속 300 km를 넘는 레이싱 카의 차체는 대기로부터 강한 영향을 받기 때문에 바퀴의 회전에서 측정하는 대지속도와 피토관을 통한 대기속도를 함께 사용하여 여러 가지 주행 데이터를 수집한다.

Check!
- ● 총압 = 정압 + 동압
- ● 동압은 상대 속도에 비례한다.

그림 1 　피토관의 구조

ⓐ 정압, 총압, 동압

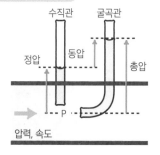

정압과 총압을 간단하게 측정할 수 있는 측정기로 피토관을 생각할 수 있다.

ⓑ 실제 피토관

정체점에서 속도 → 동압

ⓒ 동압 검출법

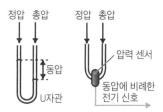

U자관에서의 차압 측정은 액면의 차이를 보고 육안으로 동압을 알 수 있는 실험실적인 용도이다.

피토관의 측정 결과를 전기적으로 처리하려면 압력 변화를 전기 신호로 변환하는 압력 센서 등을 이용한다.

그림 2 　지상에서도 대기속도

피토관 장착 이미지

피토관

피토관

공기 속을 비행하는 항공기의 속도는 주변 대기와의 상대 속도인 대기속도를 피토관으로 측정한다. GPS를 이용한 측정 데이터를 함께 사용하는 기종도 있다.

레이싱 카의 차체는 주행 중에 공기로부터 큰 영향을 받는다. 타이어 회전에서 측정하는 대지속도와 공기에 대한 대기속도를 함께 사용한다.

용어 해설

피토관 : 프랑스의 물리학자 피토(H.Pitot, 1695~1771년)가 고안했다.
압력 센서 : 압력의 변화를 전기 신호의 변화로 변환한다.

043

압력계의 변화에서 속도 변화를 알다

정압과 속도 수두

그림 1의 ⓐ와 같이 관로를 가득 채우고 흐르는 이상 유체의 에너지는 점 ❶과 같이 정압과 동압의 합으로 총압을 생각할 수도 있지만, 점 ❷와 같이 압력 수두와 속도 수두의 합에서 전수두를 생각할 수도 있다. 실제 유체의 경우, 관로 내의 유속은 ⓑ의 점 ❶과 같이 포아젤 흐름과 같은 분포를 보이기 때문에 측정 위치에 따라 속도가 다르고 동압이 다르다. 유체의 흐름을 측정하는 압력계는 점 ❷와 같이 관로 벽에 장착하므로 압력계 눈금은 유체의 정압을 나타낸다. 압력계가 나타내는 정압은 주변의 대기압을 기준으로 하는 게이지 압력을 나타낸다. ⓐ와 ⓑ가 나타내는 전수두는 위치 수두의 기준점부터 물기둥이 나타내는 총압과 압력계가 나타내는 정압의 측정점관의 중심까지의 높이, 즉 위치 수두를 합한 크기가 된다. 측정점이 지상으로부터 1 m 떨어진 높이라면 지상에 대한 위치 수두 1 m를 합하면 된다.

그림 2의 ⓐ와 같은 수평인 직선관에서는 점 ❶과 점 ❷의 위치 수두는 똑같고 단면적이 일정하므로 속도 수두도 똑같으며 전수두는 일정하다는 베르누이의 정리에 따르면 정압을 나타내는 게이지 압력도 똑같아진다. ⓑ에서는 점 ❷의 단면적이 점 ❶보다 작기 때문에 연속의 식에서 점 ❷의 속도 수두가 증가한다. 전수두는 일정하고 위치 수두의 변화는 없으므로 속도 수두가 증가하는 만큼 정압이 낮아지기 때문에 게이지 압력이 감소한다. ⓒ와 같이 수직인 직선관에서는 단면적이 일정하므로 속도 수두가 일정하고 점 ❷가 점 ❶보다 높으므로 점 ❷의 위치 수두가 점 ❶보다 증가하기 때문에 점 ❷의 정압이 낮아지고 게이지 압력이 감소한다. 이처럼 위치 수두와 압력 수두정압, 속도 수두동압의 합인 전수두는 일정하므로 게이지 압력에서 읽을 수 있는 정압의 차이로 속도 수두의 변화를 알 수 있다.

Check!
- 수평 직선관의 임의의 점에서 위치 수두는 똑같다.
- 다른 두 측정점의 정압 차이를 보면 속도가 변화하는 정도를 알 수 있다.

그림 1   실제 흐름을 구하는 방법

ⓐ 이상 유체의 압력과 수두

ⓑ 포아젤 흐름과 정압

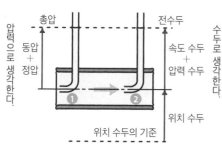

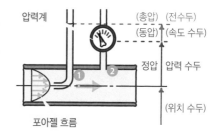

위치 수두는 높이의 기준이 되는 점부터 각 측정점까지의 수직 높이를 나타낸다. 수평인 직선관의 중심선이 지상으로부터 1 m 떨어져 있다면 지상을 기준으로 하여 위치 수두는 1 m이다.

그림 2   압력계의 변화

ⓐ 수평인 직선관

ⓑ 속도 증가, 압력 감소

ⓒ 위치 증가, 압력 감소

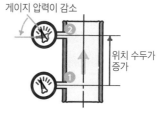

측정점의 높이에 따른 위치 수두의 변화 정도는 게이지를 장착한 높이의 차이와 같다. 게이지 압력의 차이는 정압의 차이이므로 압력계의 변화를 보고 속도가 변화하는 정도를 알 수 있다.

용어 해설   속도 수두 : 속도의 제곱에 비례한다.

044 에너지에는 반드시 손실이 있다
손실 수두

에너지는 보존이 되는 동시에 실제 기계나 장치에서는 반드시 손실이 있다. 그림 1과 같이 유체의 전에너지는 어디서나 일정하지만 유체가 흘러서 이동하면 **손실 수두**損失水頭라고 하는 에너지 손실이 발생하여 손실되는 만큼 유효한 에너지가 감소한다. 손실 수두는 유체의 이동 거리가 길어질수록 증가한다. 그러므로 실제 흐름에서 베르누이의 정리를 사용하려면 손실 수두를 더해 전수두가 일정하다고 생각해야 한다.

그림 2의 ⓐ와 같이 관로의 가장 앞쪽에서 용기 등의 수원水源으로부터 물을 빼낸다. 이 단계에서 손실 수두가 발생한다. ⓑ와 같이 출구의 형상에 따라 손실 수두가 달라지는데, ❶처럼 출구가 둥그스름하면 손실 수두는 작고, ❸처럼 관이 안에 들어가 있는 경우는 손실 수두가 커진다.

그림 1에서 관로가 길어질수록 손실 수두가 증가하는 이유는 점성 유체와 관로 내벽과의 접촉으로 인해 발생하는 **마찰력**摩擦力 때문이다. 손실 수두는 관이 굵고 짧을수록 작아진다. 그림 2의 ⓒ와 같이 관의 내벽에 요철이 있을 때, 요철의 평균값을 관 안지름으로 나눈 값을 **상대조도**相對粗度라고 하며 이 값이 작을수록 마찰에 의한 손실 수두가 작아진다. 관 안지름이 변해도 요철은 크게 변하지 않으므로 안지름이 클수록 마찰 손실이 적어진다. 관로 속의 마찰 손실은 유체의 점성으로 인하여 관로 벽과 관 중심부 사이에 유체의 속도분포가 만들어지는 포아젤 흐름으로 되기 때문에 일어난다. ⓓ에서 유체는 ❶과 같이 입구와 가까운 곳에서는 거의 똑같은 속도를 유지하지만, 관로 벽과의 마찰 저항으로 인해 ❷에서 포아젤 흐름으로 변한다. 이 길이를 **입구 길이**라고 하고 유체의 점성으로 인해 관로로부터 영향을 받는 한계를 **경계층**境界層이라고 한다. 관로의 실질적인 마찰 손실은 길이당 손실 수두의 값으로 나타낸다.

Check!
  ◎ 전수두는 '속도 수두 + 위치 수두 + 압력 수두 + 손실 수두'이다.
  ◎ 손실 수두는 길이에 비례한다.

그림 1　손실 수두

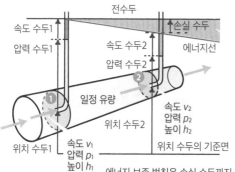

전수두

속도 수두1
압력 수두1

속도 수두2
압력 수두2

손실 수두

에너지선

①
일정 유량

②

속도 v_2
압력 p_2
높이 h_2

위치 수두2

위치 수두1
속도 v_1
압력 p_1
높이 h_1

위치 수두의 기준면

에너지 보존 법칙은 손실 수두까지 포함하여 생각한다.

유체가 가지는 전에너지는 변함이 없다.

유체 에너지의 일부가 열, 소음, 진동 등 이용할 수 없는 에너지로 변환되어 손실 에너지가 된다.

각 점에서 유체가 갖는 유효한 속도, 압력, 위치 에너지의 합계를 연결한 선을 에너지선이라고 한다.

전수두 = 속도 수두 + 위치 수두
　　　　+ 압력 수두 + 손실 수두

그림 2　관로의 손실 수두

ⓐ 관로 출구

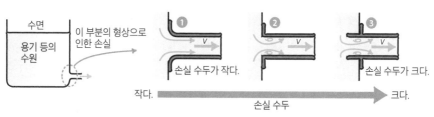

수면

용기 등의
수원

이 부분의 형상으로
인한 손실

ⓑ 형상으로 인한 손실 수두

①
v
손실 수두가 작다.

②
v

③
v
손실 수두가 크다.

작다.　　손실 수두　　크다.

유선의 변화가 클수록 손실 수두는 커진다.

ⓒ 관의 거칠기

요철의 평균값

안지름

상대조도 = 요철의 평균값/안지름

ⓓ 길이와 마찰 손실

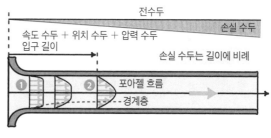

전수두

손실 수두

속도 수두 + 위치 수두 + 압력 수두

입구 길이

손실 수두는 길이에 비례

①
②
포아젤 흐름
경계층

관로의 손실 수두는 관의 거칠기가 클수록 커지고 관의 길이에 비례한다.

용어
해설

손실 수두 : 에너지 손실을 합한 양이다.
경계층 : 경계층에서 중심으로 가까워질수록 내벽으로부터의 점성의 영향이 적다.

045

분출되는 물을 생각하다
유선과 베르누이의 정리

베르누이의 정리는 이론값과 실제값과의 차이를 잊지 않는다면 유체의 운동을 연속된 유선이나 유관에 근사시켜 실용적인 계산식으로 사용할 수 있다.

　그림 1의 ⓐ 분수에서 물이 솟구치는 높이는 분출구에서 나오는 물의 속도로 결정된다. 중요한 사실은 분출되는 물의 정압은 0, 즉 대기압이라는 점이다. ⓑ와 같이 분출구부터 최고점까지의 유선 에너지를 압력 수두→속도 수두→위치 수두로 변환시켜 생각한다. 높이만 구한다면 높이 = 위치 수두 = 압력 수두로 생각해서 베르누이의 정리를 사용한다. 일반 수돗물을 예로 들어 분출구까지의 공급압정압을 150 kPa이라고 하면 이론값으로 약 15 m 높이까지 솟구치게 된다.

　그림 2의 ⓐ에서 분출하는 물의 속도 v는 수면 높이 h를 일정하게 하고 ⓑ와 같이 위치 수두→압력 수두→속도 수두로 변환시킨다고 생각한다. 이 문제에서는 h가 일정하다는 조건에서 수면의 속도는 0으로 보고 출구 속도만 구하면 속도 = 속도 수두 = 위치 수두라고 생각하여 베르누이의 정리를 사용한다. h = 1 m라고 하면 출구 속도의 이론값은 약 4.4 m/s이고, 이는 약 15.8 km/h, 즉 자전거를 탈 때 체험할 수 있는 속도이다. 베르누이의 정리는 유체의 에너지 보존 법칙이므로 위에서 제시한 두 가지 예는 돌을 공기 속에서 자유롭게 떨어뜨렸을 때의 높이와 속도 관계와 같다. 대기 중에 분출되는 물은 이상적인 유선의 운동과 달리 공기의 저항을 받는다. 또한 ⓒ와 같이 유체의 압력 수두를 속도 수두로 변환하는 '노즐'이라고 하는 분출관에서는 분출구의 형태에 의한 압력 손실이 발생한다. 베르누이의 정리를 사용하려면 이러한 손실을 전제로 한다.

Check!
　◉ 분출하는 물의 정압은 0(대기압)이다.
　◉ 노즐은 유체의 압력 에너지를 속도 에너지로 변환시킨다.

| 그림 1 | 분수가 솟구쳐 오르는 대략적인 높이 |

ⓐ 분수 모델

솟구쳐 오르는
높이는?

송수관

솟구쳐 오르는 물을 송수관부터
정상까지 연속된 하나의 유선으
로 생각한다.

ⓑ 유선에 근사시킨다.

유선
대기압

분출구

・ 속도 0
・ 대기압
・ 높이 최대

최고점에는 위치
수두만 있다.

・ 속도 최대
・ 대기압
・ 높이 0

분출구에서 속도
수두로 변환된다.

・ 송수 압력
(정압)

분출구까지 압력
수두(정압)

점 ❶, ❷, ❸ 의 수두는 모두 똑같다.

예

수돗물의 공급압력을 150 kPa이라고 하고 이것을 점 ❶의 정압이라고 했을
때 에너지가 완전히 변환되면 높이 ❸은 거의 15 m이다.

| 그림 2 | 물의 분출되는 속도 |

ⓐ 분출하는 물

h 일정

이 범위로
생각한다.

h

h_1

v

h_0

ⓑ 유선에 근사시킨다.

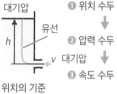

대기압

유선

h

v 대기압

위치의 기준

❶ 위치 수두

❷ 압력 수두

❸ 속도 수두

ⓒ 압력 손실

압력
수두
→
정압
노즐
대기압
속도
수두

압력 손실

・출구 지름이 작다.
・급격한 단면적 변화
・내벽의 요철 등

예

분출구부터 수면까지의 높이 h를 1 m라고 하고 유선의 곡률과 노즐에 의한
손실이 없다고 본다면 솟구치는 물의 속도는 약 4.4 m/s이다.

046

물의 흐름과 소방 설비
압력 수두와 손실

그림 1은 건축물의 실내 소화전 설비로서 지하 저수탱크에서 각 층으로 물을 보내어 노즐을 통해 방수할 때 필요한 펌프의 성능을 개략적으로 계산한 예이다. 노즐 끝에서 필요로 하는 압력 수두와 관로에서의 각종 손실 수두를 합하여 펌프의 분출 높이, 즉 양정을 결정한다. 펌프를 선택할 때는 양정뿐 아니라 물이 분출되는 유량도 중요한 조건이 된다. 펌프의 흡입수면부터 분출하는 면까지의 높이를 **실양정**實揚程이라고 한다.

그림 2의 ⓐ 펌프 소방차는 차체에 수조가 없고 화재 현장의 저수조나 송수관에서 물을 끌어와 차에 탑재된 펌프로 압력을 가해 방수한다. ⓑ와 같이 흡입면이 펌프 중심보다 아래에 있는 수조나 하천에서 물을 공급받아야 하는 경우는 물을 펌프까지 흡입하는 관로의 압력이 대기압보다 낮은 진공마이너스이 되므로 게이지 압력으로 마이너스가 된다. 흡입면부터 펌프까지의 관로는 물을 공급하는 압력과 펌프의 흡입압력이 상호 작용을 하므로 **연성관**連成管이라고 하고 흡입계는 연성계라고도 한다.

ⓒ처럼 송수관에서 급수할 때는 송수관의 압력으로 밀어 올린 물에 펌프로 압력을 가하여 여러 곳으로 보낸다. 송수관의 정압이 물을 밀어 올리므로 흡입압력계가 0, 즉 대기압이 되도록 펌프를 회전시켜 조정한다. 송수관에서 급수를 받을 때 송출량이 급수량을 크게 초과하여 흡입압력이 진공이 되면 송출관을 수축시키는 힘이 발생하여 관로 파손 등의 원인이 된다.

ⓑ와 ⓒ의 예에서 펌프가 물을 밀어 올리는 높이는 관로에 장착된 압력계로 알 수 있다. 송출압력계 값을 0.5 MPa이라고 하면 송출 높이는 손실을 무시한 이론값으로 거의 50 m가 된다. 그러나 이 값은 어디까지나 이론적으로 50 m 높이까지 물을 밀어 올릴 수 있다는 수치이고, 이 높이까지 물을 보내면 속도 수두가 0이 되므로 더 이상 물을 송출시킬 수 없다.

Check!
 ◑ 송출하는 높이와 흡입하는 높이의 합계가 실양정이다.
 ◑ 연성관은 입구와 출구의 상태가 상호 작용을 미치는 관로이다.

그림 1 실내 소화전 설비의 예

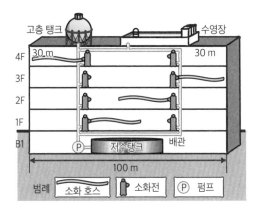

지하 : 1F, 지상 : 4F
옥상 : 고층 탱크, 소화 용수 병용 수영장
각 층 : 소화전 2곳, 소화 호스 30 m
펌프 송출량 : 150 L/min = 0.15 m³/min
으로 펌프에 필요한 양정을 다음과 같이 개략
적으로 계산한다.

h_1 노즐 방수 압력 수두	15 m
h_2 호스 마찰 손실 수두	10 m
h_3 관로, 밸브 마찰 손실 수두	10 m
h_4 최고층까지의 양정	30 m
H 필요한 펌프 양정	65 m

그림 2 펌프 소방차와 펌프의 양정

ⓐ 펌프 소방차

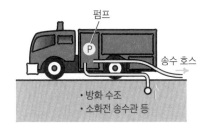

ⓑ 수조에서의 급수

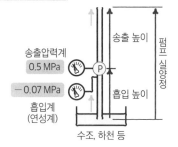

ⓒ 송수관에서의 급수

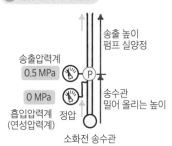

송출압력계 눈금이 0.5 MPa일 때,

$$h = \frac{p}{\rho g} = \frac{0.5 \times 10^6}{1000 \times 9.8}$$

$$≒ 51.0(m)$$

이론값으로 51 m의 높이까지 물을
밀어 올릴 수 있으나 실제로는 손실
이 발생한다.

용어
해설
송출압력계 : 압력계 장착부를 기준으로 하여 물이 송출되는 높이를 나타내는 압력계이다.
흡입압력계 : 압력계 장착부를 기준으로 하여 물을 흡입하는 높이를 나타내는 압력계이다.

047 유체의 세기
유체의 운동량

그림 1의 ⓐ와 같이 크기가 같은 쇠구슬과 고무공이 같은 속도로 굴러가 벽에 부딪히면 쇠구슬이 벽에 더 큰 영향을 미친다. 이것은 질량의 차이 때문에 생기는 현상으로서 운동하는 물체의 세기를 **운동량**運動量이라고 하며, 운동량 = 질량 × 속도로 나타낸다. 운동하는 물체의 상태를 변화시키려면 힘이 필요하고, 힘은 뉴턴의 운동 제2법칙에서 힘 = 질량 × 가속도 = 질량 × 속도/시간 = 운동량/시간으로 나타낼 수 있다. 이 말은 곧, 힘은 운동량의 크기에 비례하고 작용하는 시간에 반비례한다는 것을 의미한다.

ⓑ는 물이 호스 끝부분에서 세차게 분출되는 모습이다. 물의 세기와 힘은 호스를 연결한 수도꼭지를 세게 틀어 분출되는 양과 속도를 크게 늘리면 강해진다는 사실을 우리는 경험했다. 지금까지의 내용에서도 배웠듯이 물이 자유롭게 분출하기 때문에 호스 내 정압은 생각하지 않고 분출 압력은 대기압으로 한다. 분출되는 물의 상태를 밀도, 체적유량, 속도로 나타내면 유체가 갖는 힘은 ❶부터 ❹와 같이 밀도, 유량, 속도 세 가지 조건의 곱이다. 이것은 분출량과 속도를 크게 하면 세기가 강해지는 경험과 일치한다. 그리고 가벼운 액체보다 무거운 액체의 세기가 강하고 힘이 커진다고 생각되지 않을까?

그림 2의 ⓐ와 같이 호스를 고정시키지 않고 물을 세게 내보내면 그림 1의 ⓑ에서 구한 분출하는 물이 갖는 힘의 반작용으로 호스가 제멋대로 움직인다. ⓑ의 페트병 로켓에서는 ❶ 용기에 압축 공기만 채우고 분출시키면 그 반작용력으로 로켓이 날아간다. ❷ 용기에 물을 넣고 압축 공기의 힘으로 물을 분출시키면 ❶보다 세게 날아간다. 이러한 현상이 일어나는 이유는 유량과 속도가 거의 똑같을 때 밀도가 큰 물이 더 큰 반작용을 낳기 때문이다.

Check!
◉ 운동의 세기를 운동량 = 질량 × 속도로 생각한다.
◉ 점성이 큰 유체의 세기가 강하다.

그림 1   운동하는 물체의 세기

ⓐ 공의 운동

쇠구슬   속도 v

고무공   속도 v

❶ 같은 크기의 쇠구슬과 고무공이 같은 속도로 바닥을 굴러간다.

❷ 벽에 부딪혀 멈춘다.

❸ 쇠구슬이 벽에 주는 영향이 크다.

다른 점

쇠구슬이 무겁다.

알 수 있는 사실

쇠구슬이 벽에 큰 힘을 준다.

운동의 세기는 쇠구슬이 크다.

ⓑ 유체의 운동량

대기압

정압

밀도 ρ
체적유량 Q_v
속도 v
유체가 갖는 힘 F

❶ 운동하는 물체의 세기를 운동량으로 나타낸다.

    운동량 = 질량 × 속도 = mv

❷ 운동하는 물체가 갖는 힘의 크기는 시간당 운동량이다.

    $F = mv/t$

❸ 단위 시간당 운동하는 유체의 질량이 질량유량이다.

    질량유량 = m/t = 밀도 × 체적유량 = ρQ_v

❹ 유체가 갖는 힘

    F = 질량유량 × 속도 = $\rho Q_v v$ 힘은 밀도, 유량, 속도에 비례한다.

그림 2   제멋대로 움직이는 호스와 페트병 로켓

ⓐ 제멋대로 움직이는 호스

반작용력   작용력

송수

ⓑ 페트병 로켓

❶ 공기

압축 공기

공기

❷ 물

압축 공기

반작용력

물

작용력

물

고정되지 않은 호스로 물을 세게 내보내면 분출하는 물의 반작용력에 밀려서 호스 끝이 제멋대로 움직인다.

압축 공기를 분사하는 반작용력으로 페트병 로켓이 날아간다.

유량, 속도가 똑같다면 밀도가 큰 물의 반작용력이 크다.

용어
해설

뉴턴의 운동 제2법칙 : 힘 = 질량 × 가속도

작용력과 반작용력 : 같은 크기이며 반대 방향으로 작용하는 힘이다.

호스로 물 뿌릴 때를 생각하다
운동량 보존의 법칙

지금까지의 예에서 보았듯이 그림 1의 ⓐ와 같이 호스 끝부분을 오므리면 호스 출구의 단면적이 감소하여 연속의 식에 의해 호스 끝부분의 분출 속도가 증가하고 유체의 운동량이 증가함으로써 물의 흐름과 반대 방향으로 호스를 밀어내는 반작용력이 커진다. ⓑ와 같이 호스 끝부분을 개방하여 물을 흘려보낸 경우는 물이 공급압력인 정압으로 자유롭게 흐르므로 분출 속도의 운동량에 의한 힘만 작용한다. 다음에 ⓒ와 같이 끝부분을 오므리면 출구에서 흐름이 줄어들어 호스의 출구 안쪽에서는 송수를 방해받았기 때문에 힘이 생긴다. 이 힘은 송수 압력에 의한 정압 × 호스 단면적의 크기가 되어 호스 분출구의 안쪽에 발생한다. 흐름이 줄어들어 내부에 발생하는 이런 압력을 **배압背壓**이라고 한다.

물체의 운동량은 외부에서의 작용이 없으면 보존된다. 이것을 **운동량 보존의 법칙**이라고 한다. 그림 2의 ⓐ와 같이 상태1인 물체의 운동에 외부에서 작용이 가해지면 물체의 운동은 상태2로 변한다. 물체의 질량은 변하지 않으므로 운동량의 변화는 속도의 변화가 된다. ⓑ와 같이 호스의 출구를 오므리면 분출구 입구 ❶과 분출구 ❷에서는 체적유량이 똑같고 속도가 다르기 때문에 운동량이 달라진다. 유체가 변한 후의 상태와 변하기 전 상태의 차이 부분이 운동량을 변화시키는 작용을 한다. ❷의 힘 F_2와 ❶의 힘 F_1의 차이를 분출구에서 작용하는 힘 F라고 하고 F의 크기를 구한다. ❶에서는 운동량에 의한 힘과 배압에 의한 힘의 합이 F_1이 되고, ❷는 대기압이므로 압력에 의한 힘은 발생하지 않기 때문에 운동량에 의한 힘만이 F_2가 된다. $F = F_2 - F_1$이므로 F가 마이너스가 되었을 때, 흐름 방향과 반대 방향으로 분출구에 힘이 작용하게 된다.

Check!
○ 외부에서 작용이 없으면 운동량은 보존된다.
○ 흐름이 교축되면 배압이 발생한다.

그림 1 　호스로 물 뿌리기

ⓐ 호스로 물 뿌리기

분출되는 물의 운동량에 의한 힘은
$F = $ 질량유량 $\times$ 속도
이고 유량과 속도에 비례한다.

호스 끝부분을 오므려서 분출되
는 세기가 강해지면 호스 끝부
분의 반작용력이 커진다.

ⓑ 호스 끝부분의 흐름

정압　$\rho \cdot Q_v \cdot v$　대기압

자유롭게 흐르기 때문에 정압은 물
을 밀어내는 작용을 하고, 운동량
에 의한 힘이 균일하게 발생한다.
운동량에 의한 힘 $= \rho \cdot Q_v \cdot v$

ⓒ 호스의 끝부분을 오므린다

단면적 A　대기압
배압

흐름이 줄어들기 때문에 정압 $\times$ 단
면적의 힘이 발생한다. 이때의 정압
을 배압이라고 한다.
운동량에 의한 힘 $= \rho \cdot Q_v \cdot v$
배압에 의한 힘 $= p \cdot A$

그림 2 　운동량 보존의 법칙

ⓐ 운동량 보존의 법칙

작용

상태1 ⟶ 상태2

물체의 운동량은 외부에서의 작용이
없다면 보존된다(운동량 보존의 법
칙). 운동 상태를 변화시키는 작용은
부호를 동일한 방향으로 만들어 상태
2 − 상태1 = 운동을 변화시키는 작
용을 한다.

ⓑ 끝을 오므린 호스의 운동량 변화

체적유량 Q_v
밀도 ρ
대기압
A_2, v_2, p_2
❶ F ❷
A_1, v_1, p_1

$F_1 = \rho \cdot Q_v \cdot v_1 + A_1 \cdot p_1$

$F_2 = \rho \cdot Q_v \cdot v_2 + A_2 \cdot p_2$

$F = F_2 - F_1$가 마이너스일 때, 호스
를 왼쪽으로 미는 힘이 작용한다.

용어
해설

압력에 의해 발생하는 힘 : 정압 $\times$ 단면적
상태를 변화시키는 작용 : 변화 후와 변화 전의 차이 부분

049 호스로 세차할 때를 생각하다
충돌하는 유체

호스에서 방수된 물을 차체에 뿌렸을 때 작용하는 힘을 유체의 법칙에서 생각해 보자. 그림 1과 같이 호스에서 분출된 물을 평판에 수직으로 뿌렸을 때는 호스 끝부분에서 유출되는 물의 운동량에 의한 힘이 모두 판에 작용한다고 볼 수 있다. 유체의 운동량으로 인해 발생하는 힘 F가 커지면 때를 벗겨내는 효과가 높다고 생각하므로 호스 끝부분을 오므리거나 샤워기 형태로 물을 뿌리거나 또는 수도꼭지를 완전히 틀어서 유량을 늘린다. 유체가 발생시키는 힘 F를 체적유량과 분출구의 단면적으로 나타내면 분출구의 단면적이 작고 유량이 클수록 큰 힘이 발생한다는 사실을 알 수 있다.

호스를 비스듬히 기울여 판에 뿌린 상태를 그림 2와 같이 간략하게 그리고 충돌 뒤에는 물이 평면을 따라 두 방향으로 흐른다고 생각한다. 충돌하는 물의 작용력을 판과 수직인 Y축과 판을 따르는 X축으로 분해하면, 판에 수직인 방향의 힘 F_y만큼이 판을 미는 힘이 된다. 수직으로 뿌린 경우에 물은 충돌 후 수평면 위를 균등하게 흐른다고 간단하게 생각할 수 있으나, 비스듬하게 뿌린 경우에는 뿌리는 방향에 따라 물이 나뉘는 양이 다를 것이다. 이것을 X축 위를 좌우로 나누는 두 개의 유선 ⓞ → ❶과 ⓞ → ❷를 생각하여 베르누이의 정리로 근사시킨다. 모든 점에서 위치 수두가 똑같고 압력은 대기로 방출되므로 0이라고 생각하면 모든 점의 속도가 똑같아진다. 다음에 X축 위의 운동량이 평형을 이루면 연속의 식에서 수평면과의 기울기 각 θ를 변수로 하여 X축 상에서 좌우로 나뉘는 유체의 유량을 구할 수 있다. 이렇게 구한 식에서 기울기 각 θ에 0도, 90도 등 대표적인 각도를 대입해 보면 일상의 경험과 적합하다는 사실을 알 수 있다. 이러한 모델은 이상 유체의 정상류로 생각하여 흐름을 근사시킨 것이다.

Check!
- ◔ 유량이 일정하다면 분출구가 작을수록 힘이 세다.
- ◔ 유체를 이상 유체의 정상류로 모델화하여 생각한다.

그림 1   물을 수직으로 뿌렸을 때

단면적 A
밀도 ρ
속도 v
부피유량 Q_v

힘 F

$F = \rho \cdot Q_v \cdot v$

$v = \dfrac{Q_v}{A}$ 에서

$F = \rho \dfrac{Q_v^2}{A}$

면에 수직으로 뿌린 물은 운동량 모두가 면을 미는 힘이 된다.
힘의 크기는 유량의 제곱에 비례하고 호스 단면적에 반비례한다.

그림 2   판에 비스듬히 뿌렸을 때

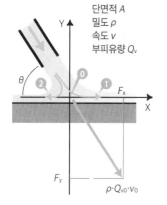

단면적 A
밀도 ρ
속도 v
부피유량 Q_v

비스듬히 뿌려진 물이 ❶과 ❷로 나뉘어 흐른다고 생각한다. 이때 물의 분량을 유선 ❶ → ❶과 유선 ❶ → ❷를 따르고 Q_{v0}, Q_{v1}, Q_{v2}가 되면 수평과 기울기 각 θ에서

$$Q_{v1} = \frac{Q_{v0}}{2}(1 + \cos\theta) \quad Q_{v2} = \frac{Q_{v0}}{2}(1 - \cos\theta)$$

이 식에서 기울기 각 θ가 0이라면
　$Q_{v1} = Q_{v0}$, $Q_{v2} = 0$
기울기 각 θ가 수직이라면
　$Q_{v1} = Q_{v0}/2$, $Q_{v2} = Q_{v0}/2$
가 된다는 사실을 알 수 있다.

면에 대해 비스듬하게 물을 뿌리면 면을 미는 힘은 분출하는 흐름을 분해하여 얻어지는 면에 수직인 힘 F_y가 된다. 면을 따르는 F_x는 면의 표면을 미끄러진다.

조금 비스듬하게 물을 뿌리면 면을 따라 흐르는 힘으로 때를 씻어 낼 수 있어요.

용어
해설　면을 미는 힘 : 면에 수직으로 작용하는 힘이다.

050 유체는 갑자기 멈추지 않는다
수격작용

그림 1의 ⓐ, ⓑ와 같이 세탁기의 전자 밸브나 싱글 레버식 수도꼭지가 전환될 때, 배관 내에서 '딸깍' 하는 충격음이 들리거나 호스가 진동하는 경우가 있다. 물의 흐름을 급격하게 변화시킨 후에 속도 에너지가 압력 에너지로 변하여 급격한 압력 변화를 일으키는 현상으로 **수격작용**水擊作用, 워터 해머이라고 한다. 이 현상은 배관이나 기기에 손상을 주는 경우가 있다. 수격작용은 ⓒ와 같이 유체의 운동량을 단시간에 0으로 만들기 때문에 순간적으로 큰 힘이 작용하는 충격력을 발생시킨다.

가정의 급탕, 급수 설비에서 수격작용의 영향을 받는 것으로는 유량을 계측하는 미터기, 물의 유무나 수량을 검출하는 센서, 흐름을 조작하는 전자 밸브 등 여러 가지 기기를 들 수 있다. 그림 2의 ⓐ 수격 방지기는 이러한 기기나 관로를 수격작용으로부터 보호한다. 그림의 예는 밀폐 용기 내부를 고무나 금속제 격막으로 공기와 물의 두 개의 방으로 나누고 수격작용에 대해 완충 기능을 갖게 한다. 관로에 설치된 방지기는 관로에 수격작용이 발생하면 격막이 변형하여 공기실을 압축함으로써 수격작용의 충격력을 흡수하고 관로의 압력 변동을 작게 만든다.

ⓑ는 수격작용이 만들어 내는 고압을 이용하여 외부에서 전기나 엔진 등의 동력을 받지 않고 물이 흐르는 힘으로 물을 밀어 올리는 수격 펌프라는 장치이다. 주수로에 장착한 배수 밸브는 평소에 열어 둔다. 주수로와 펌프실 사이의 역류방지 밸브는 평소에 닫아 둔다. ❶에서는 공기실이 팽창하여 물을 밀어 올린다. ❷에서 주수로를 흐르는 물이 배수 밸브를 급하게 닫으면 수격작용이 발생하고, 그 압력으로 역류방지 밸브가 열려 펌프실로 주수로의 물이 흘러들어가서 공기를 압축시킨다. 그리고 ❶로 되돌아가 압축된 공기가 팽창하여 물을 밀어낸다. 수격 펌프는 이런 과정을 반복하여 양수를 하며 관개용 펌프 등에 이용되고 있다.

Check!
 ◎ 수격작용은 물을 급격하게 차단, 개방하면 발생한다.
 ◎ 수격작용의 에너지로 물을 밀어 올릴 수 있다.

그림 1   세탁기와 수도관의 수격작용

a 세탁기의 전자 밸브 개폐   **b 싱글 레버식 수도꼭지 개폐**

세탁기 급수용 전자 밸브가 전환될 때나 싱글 레버식 급수 밸브를 열고 닫을 때, 순간적으로 물을 정지시키거나 개방하면 호스나 관로에 '딸깍' 하는 충격이 발생하는 경우가 있다. 유체의 운동을 급격하게 변화시켰기 때문에 관로에 큰 압력 변동이 일어나 충격음이나 진동을 발생시키는 현상이 수격작용(워터 해머)이다.

c 물체와 유체의 충격력

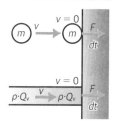

질량 m, 속도 v인 물체가 순간적인 시간 dt에서 운동을 정지한다. 이때의 충격력은 $F = m \cdot v/dt$

밀도 ρ, 시간 dt에 대한 체적유량 Q_v, 속도 v인 유체를 순간적인 시간 dt에서 차단시켰다. 이때의 충격력은 $F = \rho \cdot Q_v \cdot v$

그림 2   수격작용과 수격 펌프

a 수격 방지기   **b 수격 펌프**

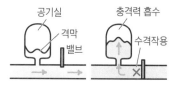

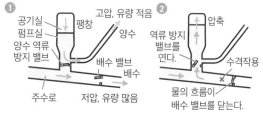

수격작용은 관로, 미터기, 센서, 펌프 등이 파손되는 원인이 된다. 수격 방지기를 사용하여 관로의 급격한 압력 변동을 압축 공기로 흡수하여 수격으로 인해 관로나 기기에 미치는 영향을 최소한으로 억제할 수 있다.

수격 펌프는 수격작용의 압력 변동을 이용하여 외부에서 동력을 공급받지 않고 유체를 높은 곳으로 밀어 올린다.
❶ 공기실이 팽창하여 물을 밀어 올린다. 배수 밸브는 열려 있다.
❷ 물의 흐름이 배수 밸브를 닫으면 수격작용이 발생하여 물이 역류방지 밸브를 열고 공기실을 압축시킨다.
❶로 되돌아간 다음 ❷를 반복한다.

용어 해설

전자 밸브 : 전자석으로 열고 닫는 밸브를 가지고 있는 기기를 말한다.
충격력 : 순간적인 짧은 시간에 작용하는 힘을 말한다.

병실에서 실감한 공기의 움직임

아래 사진은 플라스틱으로 만든 투명한 파이프 속에 파이프 안지름보다 지름이 조금 작은 가벼운 공을 넣은 관로 3개를 병렬로 연결한 기구이다. 오른쪽에 있는 마우스피스를 입에 물고 숨을 들이마시면 흡기 유량에 따라 공 세 개가 떠오르는 모습을 보며 흡기 유량을 측정할 수 있는 호흡 연습기이다. 내가 몇 년 전에 호흡기 계통 수술을 한 후에 호흡 기능을 회복하기 위해 사용한 재활용 도구이다. 파이프 세 개에는 왼쪽부터 600 mL/s, 800 mL/s, 1200 mL/s가 표시되어 있어 천천히 일정한 속도로 숨을 들이마시고 흡기를 지속시켜 폐 기능을 개선했다. 각 관로의 파이프는 직선관이며 공기를 빨아들이는 입구는 파이프 아랫부분에 있어서 공기의 유로는 파이프와 공의 틈새가 되기 때문에 표시된 유량이 커질수록 파이프와 공 틈새의 단면적이 커졌다. 본문에서 설명한 '연속의 식'에서 체적유량이 유로 단면적에 비례한다는 사실을 이용한 의료 기기이다.

제 **5** 장

일상 속 현상과
유체의 움직임을 보다

유체의 움직임에는 여러 가지 현상과 정리가 있어

하나의 현상도 보는 방법에 따라 설명 방법이 다른 경우가 있다.

에어컨의 디자인이나 비행기가 나는 이유,

야구공의 변화구가 흔들리는 이유 등을 배워 보자.

051

구부러지는 유체와 압력
유선곡률의 정리

그림 1의 ⓐ와 같이 유선이 곡면을 따라 커브를 그리는 흐름에서는 커브 중심에 가까운 안쪽의 압력이 낮고, 바깥쪽의 압력이 높다. 안쪽과 바깥쪽의 압력 차이는 유속이 높고 반지름이 작을수록 커진다. 이 현상은 곡면이 볼록하든 오목하든 관계없이 발생하므로 ⓑ와 같이 곡선상태의 유선으로 운동하는 유체는 원인에 관계없이 커브 바깥쪽이 안쪽보다 높은 압력이 된다. 이것을 **유선곡률의 정리**라고 한다.

그림 2의 ⓐ에서 공에 끈을 연결하여 끈 중심을 잡고 공을 회전시키면 공에는 바깥쪽을 향해 중심에서 멀어지려고 하는 원심력이 발생한다. 이 공이 끈을 잡아당겨 회전을 계속할 때는 끈에 발생하는 장력이 공에 발생하는 원심력과 균형을 이루는 구심력이 된다. 공이 원운동을 계속하는 경우는 원심력과 구심력이 서로 상쇄되어 공에는 접선 방향의 **주속도**周速度가 발생한다. 회전하는 도중에 끈을 자르거나 끈을 놓으면 공은 주속도로 접선 방향을 향해 날아간다.

ⓑ와 같이 커브를 그리는 유선 상의 유체 입자는 곡률 중심으로 연결된 끈이 없기 때문에 질량을 갖는 입자는 관성운동으로 인해 커브 바깥쪽으로 날아가려고 한다. 유체의 입자가 바깥쪽으로 이동하면 커브 중심에는 유체의 밀도가 작아지고 바깥쪽에는 밀도가 커진다. 자전거 타이어에 공기를 많이 넣으면 공기의 밀도가 높아지고 압력이 높아지듯이 밀도 높은 바깥쪽의 압력은 밀도가 낮은 안쪽보다 높아진다. 그 결과, 유체 입자를 바깥쪽에서 안쪽을 향해 미는 힘이 발생한다. 입자가 안쪽을 향해 밀려들어오는 힘과 원심력이 균형을 이룰 때, 이 힘이 구심력이 되고 유체 입자는 곡률을 가진 유선 위에서 안정된 원운동을 계속한다.

Check!
● 원운동을 계속하려면 원심력과 구심력이 균형을 이루어야 한다.
● 커브 안쪽과 바깥쪽의 압력 차이가 유체의 구심력을 낳는다.

그림 1   유선곡률의 정리

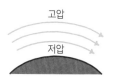

ⓐ 곡면을 따르는 흐름

곡면을 따라 흐르는 유체의 압력은 커브 중심 쪽이 바깥쪽
보다 낮아지고, 압력 차이는 속도가 크고 반지름이 작아질
수록 크다.

ⓑ 곡선 상태의 유선

벽 등의 곡면이 없어도 유선이 구부
러졌다면 압력차가 생긴다.

그림 2   유체의 밀도 차이가 압력 차이를 낳는다.

ⓐ 끈을 연결한 공을 회전시킨다.

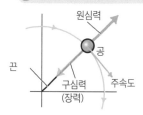

끈이 연결된 공을 회전시킬 때 끈에 발생하는 장력이 원심력과 균형
을 이루는 구심력이 되어 회전 운동을 지속한다.

회전하는 도중에 끈을 놓으면 원심력도 구심력도 없어지고 공은 주
속도 방향으로 날아간다.

ⓑ 날아가는 유체 입자

커브를 그리는 유선 위의 유체 입자는 장력을
낳는 끈이 없기 때문에 관성력으로 인해 궤도
바깥쪽으로 날아가려고 한다.

ⓒ 밀도 차이가 압력 차이가 된다.

바깥쪽의 밀도가 높아지고 고압이 된다. 안쪽은
밀도가 낮아지므로 저압이 된다. 이 압력차가 유
체 입자를 곡률 중심으로 되돌리며 원심력과 균
형을 이루는 구심력을 낳는다.

용어
해설
곡률 : 곡선이나 곡면 위의 각 점에서 구부러진 정도를 나타낸다. 곡률 반지름이 작을수록 구부러지
는 정도가 심해진다.

052

컵 속의 소용돌이를 생각하다
2차 흐름

그림 1의 ❶과 같이 컵 안에 들어 있는 물을 회전시키고 고춧가루를 조금 뿌린다. 회전 속도를 거의 일정하게 유지하면서 휘젓는다. 고춧가루는 물에 녹지 않고 적당한 크기와 무게로 눈에 잘 보이기 때문에 이 현상을 관찰하는 데 안성맞춤이다. 잠시 두고 보면 무거운 알갱이가 가라앉기 시작하면서 ❷와 같이 컵 중간 깊이 부근에서는 고춧가루가 원 궤도 위를 회전하는 모습을 관찰할 수 있다. 조금 더 회전시켜 ❸과 같이 컵 바닥에 가라앉은 고춧가루를 관찰하면 회전 속도 때문이기도 하지만 고춧가루가 컵 가운데로 모이는 현상을 관찰할 수 있다.

그림 2의 ❶와 같이 컵 바닥에는 컵 바닥면과 접촉하는 물의 점성 때문에 바닥의 영향을 받지 않는 컵 중앙보다 회전 속도가 작아진다. ❶의 컵 중앙에서는 유선곡률의 정리에서 원 궤도 안과 밖의 물 압력차로 인해 원 궤도 위의 알갱이를 안쪽으로 밀어넣는 힘이 구심력으로 작용하고, 회전으로 인한 원심력과 균형을 이루어 알갱이가 원 궤도 위를 안정되게 회전한다. 구심력을 낳은 컵 바깥 둘레의 압력의 크기는 컵 깊이에 관계없이 거의 일정하므로 ❶의 바닥에서도 컵 바깥쪽에서 압력이 낮은 안쪽을 향해 물체를 밀어넣는 힘은 ❶의 중앙과 거의 변함없이 작용한다. 한편, 바닥면에서는 물의 회전 속도가 작기 때문에 고춧가루 입자에 발생하는 원심력이 작아지므로 안쪽으로 밀어내는 힘이 바깥쪽을 향하는 원심력보다 커져서 입자가 회전 중심을 향해 모인다. 이처럼 중심을 향하는 흐름을 **2차 흐름**이라고 한다. ❶와 같이 컵, 세면대, 양동이 등의 원형 용기에서 물의 흐름을 회전시켰을 때 발생하는 2차 흐름은 바닥 부분의 중심으로 침전물을 모으는 작용을 한다. 2차 흐름은 녹차나 된장국, 스프 등을 휘저을 때도 나타나므로 생활 속에서 쉽게 관찰할 수 있다.

Check!
- ➡ 용기 바닥면은 점성 때문에 속도가 느려진다.
- ➡ 물의 흐름을 회전시켰을 때 중심으로 향하는 흐름을 2차 흐름이라고 한다.

그림 1 컵 속의 소용돌이

❶ 소용돌이를 일으킨다.

❷ 컵 중앙에서는

❸ 컵 바닥에서는

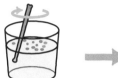

컵 속의 물을 휘저은 다음 고춧가루를 적당히 넣는다.

컵 중간 깊이 부근에서 고춧가루는 원 궤도 위를 회전하고 있다.

컵 바닥에는 많은 양의 고춧가루가 중앙에 모여 회전하고 있다.

그림 2 중앙의 원 궤도와 바닥의 2차 흐름

ⓐ 입자 분포

중앙

바닥

바닥은 점성 때문에 중앙보다 회전 속도가 작다.

이 힘은 거의 변함이 없다.

ⓑ 중앙

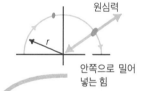

원심력

r

안쪽으로 밀어넣는 힘

중앙에서는 원심력과 안쪽으로 밀어넣는 힘(구심력)이 균형을 이룬다.

ⓒ 바닥

원심력

r

중앙으로 모인다.

바닥은 회전 속도가 작기 때문에 원심력이 작아지고 안쪽으로 밀어넣는 힘이 물체를 중앙으로 이동시키는 2차 흐름을 만든다.

ⓓ 세면대 등의 바닥 침전물

회전

2차 흐름   침전물

2차 흐름 때문에 세면대 중앙으로 침전물이 모인다.

 용어해설 균형을 이루는 힘 : 작용력과 반작용력으로 서로 상쇄되는 힘은 물체의 상태를 유지시킨다.

053

면에 생기는 힘의 작용
작용력과 반작용력

그림 1과 같이 헤어드라이어 등으로 압축 공기를 판 한쪽 면에 분사하면 표면의 형상을 따라 유선이 구부러진다. **ⓐ**의 평판과 같이 유선 입구 쪽에서 판과 유선 사이에 만들어지는 경사를 **영각**이라고 하고, **ⓑ**의 구부러진 판과 같이 유선 출구 쪽에서 판이 유선을 구부리는 경사를 **캠버각**이라고 한다. 유체의 운동량이 모두 힘으로 변환되면 고정된 판 표면에 힘 F_1로 유입된 유체의 유선이 구부러져 힘 F_2로 유출된다. 이때 유체의 운동 방향에 변화를 주려면 F_1을 F_2로 향하게 하는 힘이 작용하고 있을 것이므로 이 힘을 dF라고 한다. dF는 유체가 판에 닿았을 때 판이 유체에 가하는 힘으로서 유체는 판에 대해 dF와 똑같은 크기로 판을 밀고 되돌아오는 힘 R을 주어 균형을 이룬다. 이 현상에서 판이 유체에 주는 힘 dF를 판이 주는 **작용력**作用力이라고 한다면 R은 판이 유체로부터 받는 **반작용력**反作用力이 된다.

그림 2의 **ⓐ**에서 보트가 전진할 때는 속도가 커질수록 뱃머리가 들려 올라간다. 보트가 전진할 때 발생하는 물과의 항력 F_1이 보트 바닥의 형상으로 흐름의 방향을 바꾸어 F_2가 되려면 보트 바닥이 물에 대해 dF라는 힘을 주어야 한다. 여기서 dF와 크기가 같고 방향이 반대인 반작용력 R이 물로부터 보트 바닥에 작용하여 뱃머리를 들어올리는 힘이 된다. **ⓑ**의 레이싱 카의 윙에서는 차가 이동할 때 윙 표면을 흐르는 유선 F_1이 윙에 닿아 방향을 바꾸고 F_2가 되어 빠져나간다. F_1을 F_2로 변화시키려면 바람의 흐름을 바꾸는 힘 dF의 작용이 필요하고 dF의 반력 R이 윙을 밀어내는 힘으로 작용해야 한다. 이 힘이 차체를 노면으로 눌러 타이어의 접지력을 높이는 다운포스를 만들어 낸다.

Check!
- ➡ 입구의 기울기가 영각, 출구의 기울기가 캠버각이다.
- ➡ 운동을 변화시키려면 힘이 필요하다.

그림 1　유선의 작용력과 반작용력

ⓐ 유선과 영각

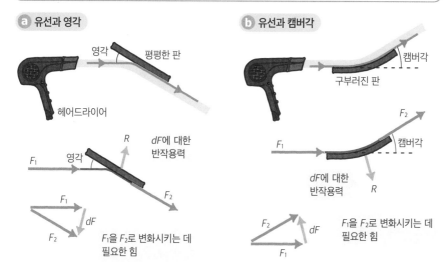

ⓑ 유선과 캠버각

* 유체의 운동을 F_1, F_2라고 하고 유선을 F_1에서 F_2로 변화시키는 힘을 dF라고 한다.
* dF가 발생함과 동시에 고정판에 dF의 반작용력 R이 발생한다.

그림 2　반작용력의 효과

ⓐ 보트의 뱃머리

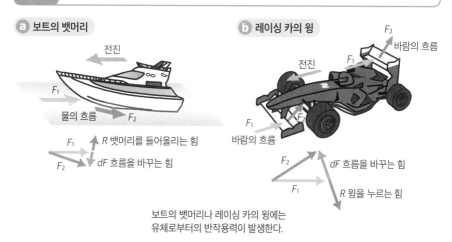

ⓑ 레이싱 카의 윙

보트의 뱃머리나 레이싱 카의 윙에는
유체로부터의 반작용력이 발생한다.

**용어
해설**　작용·반작용의 법칙 : 두 힘의 균형은 뉴턴의 운동 제3법칙이다.

054

기류 조작으로 쾌적한 공기조화
코안다 효과

그림 1의 ⓐ에서 보듯이 최근 에어컨의 형태는 이전에 비해 케이스 전면이 대형화된 기종이 눈에 띈다. 필터의 자동 청소 기능이 추가되는 등의 영향도 있겠지만 분출구가 커진 듯하다. 이전 기종의 분출구 루버는 인체에 닿는 기류를 나누는 바람 유도판의 이미지였으나 요즘은 기체가 인체에 직접 닿지 않도록 대형화된 플랩으로 기류를 되돌려서 방 전체의 공기조화를 하는 이미지이다. ⓑ와 같이 일정한 흐름 속에 놓여 있는 평판을 ⓒ와 같이 기울여 영각을 만들거나 일정한 흐름 속에 구부러진 판을 두어 출구에서 캠버각을 만들면 유체의 점성 때문에 판 윗면이나 곡면의 볼록면 뒷부분에서 유선이 곡면을 따라 구부러진다. 흐름 속에 놓여 있는 물체의 볼록면에서 점성 때문에 유체가 형상 표면을 따라서 유선을 변화시키는 현상을 **코안다**Coanda **효과**라고 한다. 유선에 곡률이 만들어지므로 유선곡률의 정리에 의해 표면을 따라 흐르는 부분에 저압이 발생한다.

최근 공기조화 기술에서는 그림 2의 ⓐ와 같이 코안다 효과로 천장 쪽을 저압으로 만든 냉기를 천장으로 내뿜어 멀리까지 내보내는 방법이 있다. ⓑ는 건물을 건축할 때 코안다 효과를 발생시키도록 천장의 형태를 연구한 분출구이다. ⓒ의 ❶과 같이 천장 매립형 에어컨의 분출구에서는 루버를 좌우로 움직여서 송풍을 나누어 내보내는 방법이 일반적이다. 그러나 특정 장소에 냉기가 집중되어 지나치게 차가워지거나 냉기가 도달하지 않는 등의 문제가 있다. ❷의 분출구에 장착한 플랩은 분출구 안쪽에 코안다 효과를 발생시켜 냉기를 천장을 따라 흐르게 하는 구조이다. ⓓ는 가정용 에어컨 분출구에 대형 플랩을 장착해 코안다 효과를 발생시켜 냉기가 천장을 향해 분출되는 구조이다.

Check!
- ⊙ 코안다 효과는 유체 속에 있는 볼록면을 따라 유체가 흐르는 현상을 말한다.
- ⊙ 유체의 점성과 유선곡률의 정리가 코안다 효과를 만든다.

그림 1 에어컨의 형태와 코안다 효과

a 에어컨 외관의 예

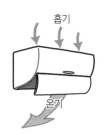

흡입구와 분출구가 보이지 않게 앞면이 패널로 덮여 있는 예

유체가 직접 인체에 닿지 않도록 대형 플랩으로 냉방 시와 난방 시에 기류의 방향을 변화시킨다.

b 일정한 흐름과 평판

c 볼록면을 타고 유선이 변화되는 코안다 효과

이쪽은 형태를 따르는 흐름

그림 2 공기조화에 응용

a 천장을 따라 흐르는 공기의 흐름

코안다 효과에 의해 천장 쪽을 저압으로 만든 공기를 천장을 따라 내뿜어 멀리까지 냉기를 보낸다.

b 천장 통기의 분출구

c 천장 매립형 에어컨의 분출구

d 가정용 에어컨의 분출구

플랩으로 구부린 유선 안쪽에 유선곡률의 정리에 의해 저압 부분이 생긴다.

 용어 해설 코안다 효과 : 루마니아의 앙리 코안다(1886~1972년)가 제트기를 시험 제작하는 중에 발견했다.

055 유선곡률과 변화구
마그누스 효과

야구공으로 변화구를 던지는 것은 어렵지만 그림 1의 ⓐ와 같이 비치볼 등 가볍고 큰 공이라면 진행 방향에 대해 우회전 하도록 던지면 공은 진행 방향 오른쪽 방향으로 경로가 바뀐다. 왼쪽 방향으로 회전을 주면 왼쪽으로 경로가 바뀐다. 흐름 속에 있는 물체에 회전을 주었을 때, 물체에 흐름과 수직인 방향의 힘이 작용하는 현상을 **마그누스** Magnus **효과**라고 한다. ⓑ와 같이 회전하지 않는 공이 공기 속을 직진할 때, 주변 공기가 유선이 일정하게 정리된 흐름이라면 공은 유선을 따라 나아가고, 공기의 흐름에 소용돌이나 회오리가 발생하지 않는다고 한다면 정체점을 중심으로 유선이 균등하게 나뉜다고 생각할 수 있다. 그러나 ⓒ와 같이 회전을 가한 공을 일정한 흐름 속에 두면 공기의 점성으로 인해 유선이 공의 회전 방향으로 빨려 들어가 공 주변의 유선 분포가 바뀐다. ❶쪽에서는 유선이 흐르는 방향과 공의 회전 방향이 똑같기 때문에 공기의 속도에 공의 회전 속도가 더해져 공기의 속도가 커진다. 반대로 ❷쪽에서는 공의 회전 방향이 공기가 흐르는 방향과 반대이므로 공기의 속도에서 공의 회전 속도만큼 줄어들어 공기의 속도가 작아진다.

그림 2의 ⓐ에서 유선이 크게 구부러진 A쪽에서는 유선곡률의 정리에 의해 곡률 안쪽과 바깥쪽에 큰 압력차가 발생한다. 한편 유선의 변화가 적은 B쪽에서는 곡률 바깥쪽과 안쪽의 압력차가 작아진다. 공은 대기압 속을 운동하므로 공 근방에서 떨어진 곳은 대기압이 똑같기 때문에 대기압과의 압력차가 작은 B의 압력이 A의 압력보다 높아진다. 그 결과 ⓑ와 같이 공을 A쪽으로 미는 **양력**揚力이 발생하여 공의 경로를 바꾼다.

Check!
● 마그누스 효과에 의한 힘은 흐름과 수직인 방향으로 작용한다.
● 공의 회전이 유체 속도의 증속과 감속에 작용한다.

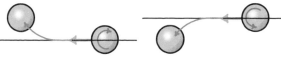

그림 1 마그누스 효과

a 회전하는 가벼운 공의 변화(위에서 본 경우)

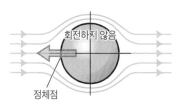

비치볼과 같이 가벼운 공을 잡고 회전시키면서 던지면 경로가 재미있게 변화한다.

오른쪽으로 돌리면 오른쪽으로   왼쪽으로 돌리면 왼쪽으로

b 일정한 흐름

회전하지 않음

정체점

정체점을 중심으로 유선이 균등하게 나뉜다.

c 우회전을 준다.

❶ 공의 회전이 더해져 고속

❷ 공의 회전으로 감속되어 저속

점성 때문에 회전 방향으로 유선이 빨려 들어간다.

그림 2 유선곡률로 생각한다.

a 압력의 차이

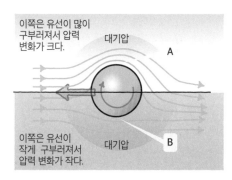

이쪽은 유선이 많이 구부러져서 압력 변화가 크다.

대기압

A

이쪽은 유선이 작게 구부러져서 압력 변화가 작다.

대기압   B

b 양력의 발생

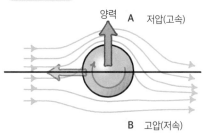

양력   A   저압(고속)

B   고압(저속)

우회전인 경우는 공의 진행 방향 왼쪽의 압력이 오른쪽보다 높아지고 공을 오른쪽으로 미는 양력이 발생하여 경로가 변한다.

용어 해설

마그누스 효과 : 독일의 H.G.마그누스가 포환의 탄도 연구를 하는 중에 발견했다.
양력 : 진행 방향과 수직으로 작용하는 힘이다.

056

양력의 개념①
베르누이의 정리와 양력

그림 1과 같이 비행기에는 수직 방향으로 비행기의 **무게**와 **양력**이 작용한다. 양력은 비행기를 전진시키는 엔진의 **추력**推力에 의해 주로 날개에 발생하고, 전진할 때 기체에는 **항력**이 발생한다. 이 네 가지 힘의 균형으로 비행기는 날 수 있다. 날개에 양력이 발생하는 이유는 여러 가지로 설명할 수 있다.

그림 2의 ⓐ **정상류**定常流에 둘러싸인 날개 단면에서 날개 윗면의 볼록한 부분은 날개 윤곽에 따라 유선이 눌려 간격이 밀착되므로 유선 밀도의 변화가 적은 아랫면에 비하면 속도가 크고 압력이 낮아진다. 그 결과, 유선과 직각으로 날개를 위쪽으로 밀어 올리는 양력이 발생한다. 이 현상을 ⓑ와 같이 날개를 둘러싼 정상류를 날개 윗면의 정상류와 날개 아랫면 정상류의 유관에 근사시키면 볼록하게 부풀어 오른 날개 윗면 B점에서는 연속의 식에서 '유선의 간격이 밀착된 부분에서는 속도가 크다'가 된다. 또한 베르누이의 정리에서는 '속도가 큰 점에서는 압력이 낮다'는 사실을 생각할 수 있다. 그밖의 부분에서는 큰 속도 변화와 압력 변화가 없다고 한다면 날개 윗면 ABD면이 날개 아랫면 ACD면보다 저압이 되어 날개를 수직 방향 윗쪽으로 밀어 올리는 양력이 발생하게 된다.

일반적으로 기존 베르누이의 정리에서 날개의 양력은 '날개 앞 끝의 정체점 A에서 윗면과 아랫면으로 나뉜 유선이 날개 뒤쪽 끝 D에서 합류할 때, 윗면의 거리 ABD가 아랫면의 거리 ACD보다 길기 때문에 윗면의 속도가 아랫면의 속도보다 커져 베르누이의 정리에 의해 윗면의 압력이 낮아진다'라는 **흐름의 동시 도착성**으로 설명했었다. 그러나 현재는 흐름의 동시 도착성은 베르누이의 정리와 직접 관계되는 개념이 아니고 또한 윗면의 유체와 아랫면의 유체는 반드시 동시에 도착하지 않는다는 점에서 표면에 접촉하는 길이의 차이에서 속도차가 발생한다는 전제는 적절하지 않다고 여겨지고 있다.

Check!

● 날개의 양력은 날개 윗면과 아랫면의 압력 차이 때문에 발생한다.
● 날개 위아래 양면의 유체는 반드시 동시에 도착하지 않는다.

그림 1   비행기에 작용하는 힘

대표적인 네 가지 힘

비행기가 날기 위해서는
❶ 추력 > 항력이 절대 필요
❷ 상승하려면 양력 > 무게
❸ 수평 비행에서는 양력 = 무게
❹ 하강하려면 양력 < 무게
양력은 비행기의 전진을 이용하여
발생시킨다.

그림 2   날개의 양력

ⓐ 양력과 베르누이 정리의 이해

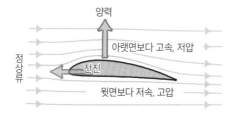

• 비행기가 날 때는 날개가 대기 속을 전진하지
만 설명을 위해 상대적으로 날개 주변을 일정
한 흐름이 이동한다고 표현한다.

• 날개 윗면과 아랫면을 비교하면 볼록한 형태
의 윗면이 아랫면보다 속도가 크고 압력이 낮
아지므로 윗방향으로 향하는 양력이 생긴다.

ⓑ 베르누이 정리의 주의점

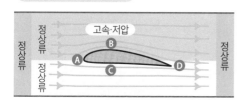

날개에서 위아래로 나뉜 정상류를 생각해 보자.
B점에서는 유선이 밀집되고 주변의 다른 부분보
다 고속이 되므로 압력이 낮아진다. 그 결과, 윗
면 ABD면이 아랫면 ACD면보다 저압이 되므로
아랫면에서 윗면으로 향하는 양력이 발생한다.

현재는 일반적이지 않은 동시 도착성

기존에는 흐름의 동시 도착성을 들어 다음과 같이 설명할 수 있었으나 현재는 일반적이지 않다.
❶ ABD는 ACD보다 거리가 길다.
❷ A점에서 위아래로 나뉜 유선이 동시에 D점에 도착하므로 ABD 경로의 속도가 크다.
❸ 고속인 부분은 저속인 부분보다 압력이 낮다.

 **용어
해설**   고속·저압/저속·고압 : 속도 에너지와 압력 에너지의 합은 일정하다.

057

양력의 개념②
유선곡률의 정리와 양력

그림 1의 패러글라이더나 요트는 섬유로 만든 얇은 날개나 돛이 당겨지는 정도로 바람의 흐름을 조정하여 양력과 선체의 추진력을 만들어낸다. ⓐ의 패러글라이더는 산이나 구릉지의 경사면에서 불어오는 맞바람을 이용하여 이륙하고 얇은 날개로 활공하는데 필요한 양력을 발생시킨다. ⓑ와 같은 요트의 돛은 바람을 받아 부푼 돛에 바람의 흐름과 적당한 기울기를 주어 돛에 발생하는 양력으로 선체의 추진력을 발생시킨다. 곡률을 갖는 이러한 얇은 날개를 **원호익**圓弧翼이라고 한다. 패러글라이더의 날개나 요트의 돛은 변형하는 천 모양이지만 바람을 품고 바람의 유선을 바꿀 수 있는 강도를 가진 원호익이다.

ⓐ에서 공기가 패러글라이더의 날개 표면을 따라 흘러서 유선이 곡률을 갖는다고 생각해 보자. 유선곡률의 정리에서 곡률 바깥쪽이 곡률 안쪽보다 압력이 높으므로 날개의 곡률 바깥쪽 표면의 압력은 대기압보다 낮아지고, 날개의 곡률 안쪽 표면의 압력은 대기압보다 높아진다. 날개 앞뒤 표면 압력의 차이에서 날개의 안쪽부터 바깥쪽으로 향하는 양력이 발생한다. ⓑ 요트의 돛은 발생하는 양력을 선체가 앞으로 나아가는 방향과 그 방향과 직교하는 두 방향의 힘으로 분해하여 선체가 나아가는 방향으로 작용하는 만큼의 힘이 배에 작용하는 추진력이 된다.

그림 2에서 비행기 날개에 발생하는 양력을 유선곡률의 정리에서 생각해 보자. ⓐ와 같이 날개 앞뒤로 공기의 유선에 곡률이 생기면 그림 1에서 생각했듯이 날개를 사이에 두고 양면의 압력 차이 때문에 양력이 발생한다. ⓑ와 같이 정체점과 날개 뒤 끝을 곡선으로 연결한 **골격선**을 중심선으로 하여 날개의 형태를 결정한다. 정체점과 날개 뒤 끝을 연결한 직선을 **익현**翼弦이라고 하며 골격선을 따라서 유선이 구부러질 때 생기는 골격선과 익현과의 각도를 입구 쪽은 영각, 출구 쪽은 캠버각이라고 한다.

Check!
- ◎ 곡률을 갖는 얇은 날개를 원호익이라고 한다.
- ◎ 유선곡률로 인해 날개 양면에 생기는 압력 차이가 양력으로 된다.

그림 1 원호익의 양력

a 패러글라이더

합성섬유로 만든 날개가 바람을 받아 양력이 생긴다.

b 요트

돛을 당기는 방법으로 바람의 유선을 변화시켜 추진력을 얻는다.

패러글라이더의 양력

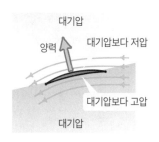

대기압

양력

대기압보다 저압

대기압보다 고압

대기압

요트의 추진력

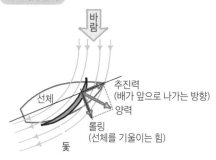

바람

선체

추진력
(배가 앞으로 나가는 방향)

양력

롤링
(선체를 기울이는 힘)

돛

두께가 없는 원호익도 유선에 곡률을 줌으로써 양력을 발생시킨다.

그림 2 날개와 유선곡률의 정리

a 날개의 양력

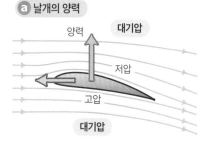

양력

대기압

저압

고압

대기압

b 날개의 골격선

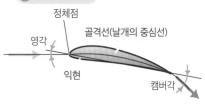

정체점

골격선(날개의 중심선)

영각

익현

캠버각

날개 형상에 영향을 주는 유선의 곡률을 결정하는 골격선

용어해설 골격선 : 유선의 곡률을 결정한다.

058 양력의 개념③
반작용력

그림 1의 ⓐ와 같이 영각을 갖는 평판에 유체가 유입하여 판이 유선을 변화시킬 때 평판을 밀어 올리려는 반작용력이 발생한다는 사실을 앞에서 배웠다. 평판을 비행기 날개로 바꾸면 ⓑ와 같이 날개 아랫면을 흐르는 유선을 변화시키는 힘의 반작용력이 날개에 양력을 발생시킨다고 생각할 수 있다. 실제로 비행기 날개는 아랫면에만 바람을 받는 평판과는 달리, 날개 전체가 유동하는 공기에 둘러싸여 있으므로 ⓒ와 같이 날개를 둘러싸는 유선이 날개의 골격선을 따라 변한다고 볼 수 있다. 유선을 변화시키는 작용력에 대한 반작용력으로 날개에 양력이 작용한다고 생각한다. 유선을 변화시키는 것뿐이라면 원호익과 같이 골격선을 갖는 얇은 판으로도 가능하지만 비행기의 무게를 지탱하기 위해서는 골격선을 중심으로 한 두꺼운 날개가 필요하다.

비행기는 필요한 양력의 크기가 비행 상태에 따라 다르다. 비행기 날개는 기체에 고정되어 있으므로 비행기의 자세와 관계없이 양력을 적절히 조정하기 위해 그림 2의 ⓐ와 같이 날개 뒤끝에 기울기를 조정할 수 있는 플랩을 붙이고 골격선의 곡률을 조정할 수 있게 만들었다. 또한 비행기가 선회하려면 좌우 주날개의 양력을 조정하여 비행기 전체를 기울여 선회하거나, ⓑ와 같이 기체 뒷부분의 수직 꼬리 날개를 붙인 래더 방향타를 접거나 구부려 유선에 만든 곡률로부터 수평 가로 방향의 양력을 일으켜 비행기를 선회시킨다. 수직 꼬리 날개를 윗면에서 보고 ⓑ와 같이 래더를 조작하면 유선이 구부러져 비행 방향에 대해 오른쪽에 수직 꼬리 날개를 미는 양력이 발생한다. 비행기의 가장 뒷부분에 있는 수직 꼬리 날개에 비행 방향에 대해 오른쪽 방향의 양력이 작용하므로 비행기에는 무게중심을 중심으로 하여 왼쪽으로 회전하도록 작용하는 모멘트가 발생하고 진로를 왼쪽 방향으로 변경한다.

Check!
○ 플랩에서 수직 방향의 양력을, 래더에서 수평 가로 방향의 양력을 얻는다.
○ 비행 중인 비행기의 무게는 날개로 지탱한다.

그림 1 반작용력과 양력

ⓐ 영각을 갖는 평판의 양력

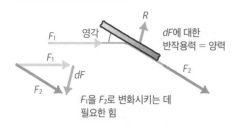

F_1을 F_2로 변화시키는 데
필요한 힘

ⓑ 날개에 생기는 양력

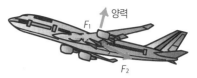

날개로 공기의 흐름을 변화시켜 양력을 얻는다.

ⓒ 골격선이 만드는 양력

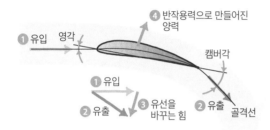

- 날개는 아랫면뿐 아니라 주변 전체
를 유동하는 공기에 둘러싸여 있다.
- 날개 근방의 유선이 골격선을 따라
운동을 변화시킨다고 생각한다.
- 운동을 변화시킨 힘의 반작용력이
날개에 양력을 준다.

그림 2 양력의 조정법

ⓐ 플랩으로 골격선을 조절한다.

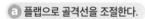

플랩의 기울기로 골격선의 곡률을 조정한다.

ⓑ 래더로 방향을 제어한다.

윗면에서 봤을 때

래더의 기울기로 수평 가로 방향의 양력
을 발생시키며 방향을 제어한다.

**용어
해설** 주날개의 두께 : 주날개는 연료 탱크의 역할을 하므로 두께가 필요하다.

날개 표면의 흐름①
코안다 효과와 양력

지금까지 양력을 설명할 때는 유선이 날개 표면을 따라서 운동을 변화시킨다는 사실을 전제로 했다. 그렇다면 유선은 왜 날개 표면을 따라 변화하는 걸까?

그림 1의 ⓐ에서 이상 유체가 날개 근방을 흐를 때 날개 아래의 오목한 면과 위의 볼록한 면의 전면에서는 날개 표면이 유선을 밀기 때문에 표면을 따르는 흐름을 생각할 수 있다. 그러나 윗면 볼록한 부분의 최고점 뒷면에서 유선이 날개 표면을 따르게 하려면, 볼록부에서 유선이 날개 표면을 따르게 하기 위한 방향으로 작용하는 힘이 있어야 한다. ⓑ의 점성 유체는 정체점에서 날개 윗면으로 흐른 유선은 날개 볼록부 최고점 뒷면에서 코안다 효과로 인해 점성 때문에 날개면을 따라 흐르게 된다. 코안다 효과는 유체의 점성과 날개 주변 압력 차이의 상승효과로 발생한다. ⓒ에서 코안다 효과 생성 초기에 ❶ 점성으로 유체가 약간 표면을 따르고, ❷ 유선에 곡률이 만들어져 유선곡률의 정리에 의해 압력이 낮아진다. 그리고 ⓓ와 같이 대기압에 가까운 바깥쪽과 압력이 낮은 날개 표면과의 압력 차이로 ❸ 유선이 날개 표면 쪽으로 눌린다. 이러한 현상이 반복되어 코안다 효과가 안정된다.

항공기의 양력은 비행 상황에 따라 조정된다. 이륙 시에는 큰 양력이 필요하고 순항 속도로 일정 고도를 비행할 때는 무게와 균형을 이루는 양력이 필요하다. 하강할 때는 양력을 줄이고 착륙 시에 양력을 증대시킨다. 이러한 조정은 날개의 공기를 받는 부분의 곡률과 넓이를 변화시켜 조작한다. 그림 2의 ⓐ에서 주날개 뒷부분 끝에 붙은 플랩을 양력을 조정하는 **고양력**高揚力 **장치**라고 한다. 양력을 줄이는 순항 시에는 플랩을 주날개 아래에 넣어 놓고 큰 양력이 필요할 때는 플랩을 꺼내 날개 형상을 조정한다. ⓑ는 보잉747에 탑재된 3중 틈새 플랩으로서 세 개의 틈새가 있는 플랩으로 코안다 효과를 발생시켜 양력을 조정한다.

Check!	◉ 코안다 효과는 유체의 점성과 압력 차이의 상승효과로 인해 안정된다.
	◉ 큰 양력을 발생시키는 플랩을 고양력 장치라고 한다.

그림 1　날개면의 코안다 효과

a 이상 유체라면

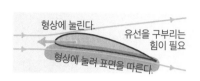

형상에 눌린다.
유선을 구부리는 힘이 필요
형상에 눌려 표면을 따른다.

b 점성 유체의 코안다 효과

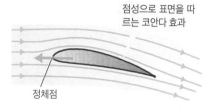

점성으로 표면을 따르는 코안다 효과

정체점

c 코안다 효과의 계기

대기압

❶ 점성으로 약간 표면을 따른다.　❷ 압력이 낮아진다 (유선곡률의 정리).

d 표면을 타는 유선

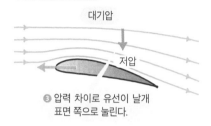

대기압

저압

❸ 압력 차이로 유선이 날개 표면 쪽으로 눌린다.

날개 근방을 통과하는 유선은 점성 유체의 코안다 효과로 날개면을 따라 흐른다.

그림 2　항공기의 고양력 장치

a 플랩

플랩

순항 시	이착륙 시
양력 작다	양력 크다

주날개 아래에 넣어 놓은 플랩을 슬라이드시켜 양력을 조정한다.

b 보잉747의 3중 틈새 플랩

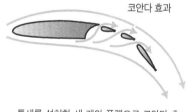

코안다 효과

틈새를 설치한 세 개의 플랩으로 코안다 효과를 높이고 큰 곡률을 갖도록 날개를 만들어 고양력을 발생시킨다.

용어 해설

이상 유체 : 압축성과 점성을 생각하지 않는 이론상의 유체(완전 유체라고도 한다)를 말한다.

060 날개 표면의 흐름②
순환

그림 1의 ⓐ는 원형 단면인 물체가 점성 유체 속을 직진할 때의 균일한 흐름이다. ⓑ와 같이 물체를 회전시키면 점성 때문에 물체 표면에 있는 유체가 회전 방향으로 끌리면서 유체 입자가 속도를 갖는다. 이 유체 입자의 속도 벡터를 연결한 흐름을 **순환 흐름**이라고 한다. 순환 흐름은 한 개의 유체 입자가 주위를 도는 것이 아니다. ⓒ와 같이 ⓐ와 ⓑ를 합성하면, 순환 흐름이 정체점보다 아래에 있는 유선을 위 방향으로 감아올리고 유출 쪽에서는 유선에 캠버각을 만들어 마그누스 효과에 의한 양력이 발생한다.

그림 2의 ⓐ와 같이 날개 주위의 정상류에서는 윗면의 속도가 크고 압력이 낮아서 후방정체점은 날개 뒷부분 끝보다 윗면 쪽에 발생한다. 그러므로 유선은 아랫면에서 윗면으로 감아올려져 날개 후방에 그림처럼 왼쪽으로 회전하는 소용돌이가 발생한다. 다음에 날개 표면에 붙어있는 유체는 점성 때문에 속도가 0, 날개에서 멀리 떨어진 점의 유체 속도는 날개의 이동 속도인데, ⓑ와 같이 날개 표면에 유체의 속도 차이에 의한 어긋남으로 작은 소용돌이가 발생한다. 날개 윗면의 속도가 크므로 날개 주위에는 전체적으로 그림처럼 오른쪽으로 회전하는 속도 벡터가 생긴다. 이 속도 벡터를 연결한 흐름이 날개 형태에 따라 만들어지는 순환 흐름이다. 소용돌이는 한 세트로 생성되는 성질이 있으며 날개 후방의 소용돌이와 날개 주위의 순환 흐름을 한 세트로 생각한다.

ⓒ와 같이 날개의 정상류 유선과 순환 흐름을 합성하면 ⓓ와 같이 유입 쪽에서는 날개 아랫면의 유선을 날개 윗면으로 끌어당기고, 유출 쪽에서는 후방의 정체점을 눌러 날개 끝과 일치시키도록 순환 흐름이 작용하여 유선이 골격선을 따르도록 변화시켜 양력을 발생시킬 수 있다. 날개 표면에 발생한 작은 소용돌이가 날개 주위의 속도 벡터에 순환 흐름을 만들고 유선에 곡률을 주어 양력이 발생한다는 개념을 **쿠타-주코프스키**Kutta-Joukowski**의 순환 이론**이라고 한다.

Check!
- 소용돌이는 한 세트로 발생한다.
- 순환 흐름은 속도 벡터를 연결한 곡선이다.

그림 1　마그누스 효과와 순환 흐름

ⓐ 균일한 흐름　　**ⓑ 순환 흐름**　　**ⓒ 양력이 발생**

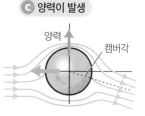

점성 유체의 코안다 효과를 포함한 균일한 흐름

점성으로 생긴 속도 벡터를 연결한 순환 흐름

순환 흐름이 유선을 감아올려 양력을 발생시킨다.

그림 2　날개와 순환

ⓐ 날개 형상과 정상류

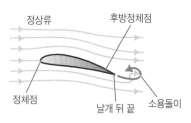

날개 윗면은 유선 속도가 크고 표면의 압력이 낮으므로 뒷부분 끝에서 아랫면의 유선을 감아올려 소용돌이가 발생한다.

ⓑ 날개에서 생기는 순환 흐름

속도 차이에 의한 어긋남으로 인해 발생하는 소용돌이

날개의 속도

표면의 속도 0　순환 흐름　소용돌이

이 두 개의 소용돌이가 한 세트

날개 윗면의 소용돌이가 강하기 때문에 날개 주위에 오른쪽으로 회전하는 순환 흐름이 생긴다.

ⓒ 정상류와 순환 흐름

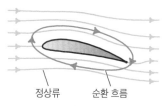

정상류　순환 흐름

점성 유체이며 날개 주변의 정상류와 순환 흐름을 합성한다고 생각한다.

ⓓ 날개의 양력

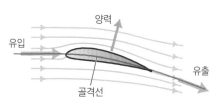

양력

유입

골격선

유출

순환 흐름이 정체점에서 아래에 있는 유선을 감아올려 후방의 정체점을 뒷부분 끝까지 누르며 유선에 골격선을 만들어 양력을 발생시킨다.

용어
해설

쿠타 : M.W.쿠타(1867~1944년)는 독일의 수학자이다.

주코프스키 : N.E.주코프스키(1841~1921년)는 러시아의 물리학자이다.

비행기 주변의 흐름
순환 흐름과 순환

그림 1과 같이 습도가 높은 대기 속을 레이싱 카가 고속으로 달리면 리어 윙의 양쪽 끝에 대칭인 소용돌이가 생길 수 있다. 비행기 날개 끝에서도 대칭인 소용돌이가 발생하고 대기 속 수증기를 감아올려 날개 양쪽 끝에서 평행한 비행구름을 만들기도 한다.

그림 2의 ⓐ에서 유체 입자의 회전궤도가 소용돌이를 만들고 회전입자의 중심을 연결한 선을 **소용돌이선**, ⓑ처럼 여러 개의 소용돌이선이 모여서 만드는 관을 **소용돌이관**이라고 한다. 소용돌이관의 형상이나 위치를 바꾸어도 소용돌이관에 들어 있는 소용돌이선의 변화는 없다. 그러므로 ⓒ처럼 소용돌이선을 합성하여 한 개의 줄로 생각한 선을 **소용돌이실**이라고 하며 소용돌이관의 회전 강도를 **순환**循環이라고 한다. ⓓ에 비행기 주위에 발생하는 소용돌이를 3차원으로 표시했다. 날개 주위에 발생하여 양력을 만들어 내는 순환 흐름은 항상 날개 표면에 발생하므로 **속박**束縛 **소용돌이**라고 한다. 날개에서 생긴 순환 흐름은 날개 끝으로 전달되고 날개를 떠나 대기로 날아가므로 **자유**自由 **소용돌이**라고 한다. 자유 소용돌이는 여러 개의 소용돌이선으로 만들어진 소용돌이관이다. 자유 소용돌이가 좀 더 후방으로 전달되면 소용돌이선이 합성되고 소용돌이관이 교축되어 소용돌이실과 순환 흐름이 되는데 이것을 **날개끝 소용돌이**라고 한다. 비행기 후방에는 날개 후방 끝의 정체점에서 떨어져 나온 **출발**出發 **소용돌이**라고 하는 박리 소용돌이가 있다. 비행기를 둘러싸듯이 소용돌이가 발생하는데, 소용돌이는 한 세트로 발생하고 '이상 유체에서 발생하지 않는 상태라면 생기지 않고, 한 번 생기면 불멸이다. 순환은 합하면 0이 된다'는 **헬름홀츠**Helmholtz**의 소용돌이 정리**의 성질을 갖는다.

ⓓ의 소용돌이는 ⓔ와 같이 ❶ 속박 소용돌이와 출발 소용돌이가 한 세트로 반대로 회전하고, ❷ 날개 양쪽 끝의 날개끝 소용돌이 한 세트가 반대로 회전한다. 소용돌이는 발생해도 한 세트의 순환 흐름이 서로 역회전을 하여 기체 주변에서의 순환 합계가 0이 되므로 비행기에 미치는 영향은 없다.

Check!

  ● 소용돌이는 불생불멸이다.
  ● 순환은 더하면 0이 된다.

그림 1 날개 끝부분에서 생기는 소용돌이

비가 그쳤거나 비가 오는 중의 레이스에서 리어 윙 뒤 끝부분에서 생기는 소용돌이

비행기구름의 원인이 되는, 날개 끝에서 발생하는 소용돌이

그림 2 소용돌이선·소용돌이관·소용돌이실

ⓐ 회전하는 입자와 소용돌이선

회전하는 입자

회전하는 입자의 회전 중심을 연결한 소용돌이선

ⓑ 소용돌이선과 소용돌이관

소용돌이선

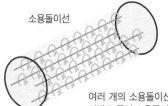

여러 개의 소용돌이선이 다발로 묶인 소용돌이관

ⓒ 소용돌이실과 순환

소용돌이관을 한 개의 줄로 생각한 소용돌이실

소용돌이관의 강도를 나타내는 순환

ⓓ 비행기 주위의 순환 흐름

출발 소용돌이
날개 후방의 박리 소용돌이

소용돌이가 이동한다.

날개끝 소용돌이
소용돌이실과 순환 흐름

속박 소용돌이
날개 주위의 순환 흐름

자유 소용돌이
소용돌이선과 소용돌이관

ⓔ 순환의 합은 0

❶ 속박 소용돌이와 출발 소용돌이는 역회전

❷ 양쪽의 날개끝 소용돌이는 역회전

헬름홀츠의 소용돌이 정리
소용돌이는 불생불멸, 순환을 합하면 0이 된다.

용어
해설

헬름홀츠 : H.L.F 헬름홀츠(1821~1894년)는 독일의 물리학자이며 생리학자이다.

순환 : 소용돌이관과 소용돌이실 등으로 소용돌이의 세기를 나타낼 수 있다.

062 유연한 흐름을 만들다
박리와 소용돌이

그림 1의 ⓐ와 같이 속도 V인 점성 정상류와 접하는 물체 표면 A점의 속도는 점성에 의한 마찰 때문에 0이다. 표면에서 멀어질수록 속도가 증가하며 표면의 영향을 받지 않게 되면 속도 V로 안정된다. 속도의 변화 비율을 직선이라고 생각한 이상적인 점성 흐름을 **쿠에트 흐름**이라고 한다. 그러나 실제 흐름에서 속도 변화는 직선적이 아니다. 점성 마찰로 인한 물체 경계면의 영향이 미치는 범위를 **경계층**이라고 한다.

ⓑ의 점성 정상류와 접하는 긴 평면에서는 접촉 길이 X의 증가와 함께 경계층이 두꺼워진다. X가 작은 상태에서는 층류 흐름을 유지하고 어느 길이를 넘으면 박리나 소용돌이가 발생하여 층류에서 난류로 변한다. 이 점을 **천이점**遷移点이라고 한다. ⓒ는 유체와 접하는 물체에 급격한 형상 변화가 있는 경우로서 유선이 변할 때의 항력이나 지나쳐 가는 현상 때문에 박리가 발생하고 박리된 유선과 물체 사이에 소용돌이가 발생한다. ⓓ는 ⓒ와 똑같은 단차라도 형상 변화가 완만한 물체 주변에서 생기는 유선으로, 유선 변화로 인한 유선곡률이 물체 표면으로 유선을 따르게 하는 효과를 낳아 박리와 소용돌이의 발생을 방지할 수 있다.

소용돌이는 에너지 손실을 초래한다. 그림 2는 모형 트럭 주위의 유선을 관찰한 모습이다. ⓐ의 운전석과 컨테이너 부분에서는 급격한 형상 변화로 인한 항력과 유선이 지나쳐 감으로 인해 유체가 박리되고 소용돌이가 발생했다. ⓑ는 운전석 위에 바람 유도판을 붙인 경우로서 유선이 자연스럽게 변화하여 박리를 방지했다. 고속도로를 장시간 주행하는 트럭은 박리나 소용돌이로 인한 주행 저항이 연료 소비율에 큰 영향을 끼친다. 대형 트럭의 바람 유도판은 주행을 안정시킴과 동시에 박리나 소용돌이 발생을 방지하여 연료 소비율을 향상시키는 데 기여한다.

Check!
⊙ 박리나 소용돌이의 발생이 난류를 만든다.
⊙ 천이점에서 경계층의 흐름이 층류에서 난류로 변한다.

그림 1　점성 유체의 흐름

ⓐ 한 점에서의 흐름

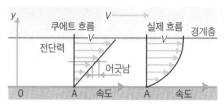

접촉면에서부터 경계층까지가
점성으로 인한 영향을 받는다.

ⓑ 물체 표면의 흐름

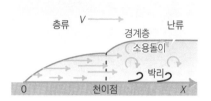

경계층 내의 흐름이 층류에서 난류로
바뀌는 점을 천이점이라고 한다.

ⓒ 급격한 형상 변화

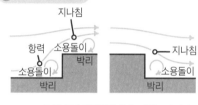

ⓓ 완만한 형상 변화

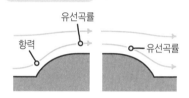

물체 표면의 급격한 형상 변화는 박리나 소용돌이를 발생시켜 에너지 손실을 초래한다.
윤곽에 적당한 곡률을 만드는 것으로 이 현상을 완화시킬 수 있다.

그림 2　트럭의 바람 유도판

ⓐ 박리 소용돌이의 발생

ⓑ 완만한 유선

고속주행을 하는 자동차에서는 대략적으로 절반 정도의
에너지가 주행 저항에 의해 소모된다.

 용어
해설　경계층 : 점성 마찰에 의한 물체 경계면의 영향이 미치는 범위를 말한다.

물체 뒷부분의 흐름
카르만의 소용돌이열

그림 1과 같이 점성 유체 속에 놓인 원통의 정체점에서 위쪽의 흐름을 보자. 원통 중심선에 가까운 유선은 변화가 크고, 중심에서 멀어질수록 변화는 작아진다. 정체점에서의 속도는 0, 동압은 최대이다. 원통 표면과 유체와의 경계면 위 임의의 점에서 원통 표면의 속도는 점성 때문에 0이 되고, 표면에서 멀어질수록 속도가 증가하며 경계층을 지나면 유체의 속도로 된다. 원통 뒤쪽에서는 유체가 원기둥에서 떨어지는 박리가 일어나고, 박리가 시작되는 점을 **박리점**剝離点이라고 한다. 원통 뒷부분에서는 원통 표면과 원통에서 충분히 멀리 떨어진 부분의 속도 차이로 인해 원통 표면에 반대 방향의 흐름이 발생하며 박리를 일으킨다. 박리가 발생한 근방에는 소용돌이가 생기고 물체 표면에서 떨어져 나간다. 박리는 언제까지나 달라붙어 있을 것 같은 유체가 반대 방향의 흐름으로 떨어져 나가서 발생하는 현상이다.

그림 2의 **ⓐ**와 같이 일정하게 흐르는 점성 유체 속에 놓아 둔 물체 후방에 회전 방향이 다른 두 개의 소용돌이열 한 세트가 매우 규칙적이면서 교대로 발생하는 현상을 볼 수 있는데, 이것을 발견한 사람의 이름을 따서 **카르만**Karman**의 소용돌이열**列이라고 한다. 안정된 카르만의 소용돌이열에는 열 간격 h와 소용돌이 간격 b가 약 $h/b ≒ 0.28$이 된다는 특징이 있고 소용돌이는 후방으로 갈수록 성장한다. **ⓑ**와 **ⓒ**는 실험 수조에서 관찰한 카르만 소용돌이열이다. **ⓑ**의 볼트 지름은 6 mm, 축 뒷부분에 생긴 카르만 소용돌이열의 열 간격 h와 소용돌이 간격 b를 비교하면, 약 $h/b = 1/3$ 정도이며 0.28에 가까운 결과를 관찰할 수 있다. **ⓒ**는 지름 30 mm인 원통 후방에 생긴 소용돌이열로 그림 1의 원통 전면에 있는 정체점에서 박리될 때까지의 유선을 볼 수 있다. 열 간격과 소용돌이 간격을 비교하면 거의 같은 정도의 치수비를 관찰할 수 있다. 누 가지 이미지 모두 소용돌이열은 후방으로 갈수록 성장하고 훨씬 후방으로 가면 소멸한다.

Check!

◉ 카르만의 소용돌이열은 두 개의 소용돌이열이 한 세트가 되어 교대로 규칙적으로 발생한다.
◉ 박리점은 흐름 뒤쪽에서 유체가 물체 표면을 떨어져 나가기 시작하는 점이다.

그림 1   원통 주변의 박리

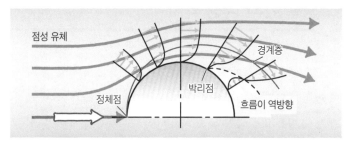

흐름 뒷면에서는 박리가 발생하고 압력이 주위보다 낮아지며 유체가
외부에서부터 흘러 들어오려고 하는 반대 방향의 흐름이 발생한다.

그림 2   카르만 소용돌이열

ⓐ 안정된 카르만 소용돌이열

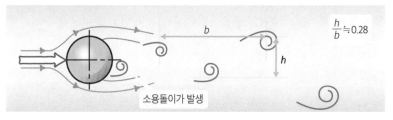

안정된 카르만 소용돌이열에서는 소용돌
이가 후방으로 갈수록 성장한다.

ⓑ 지름 6 mm 축

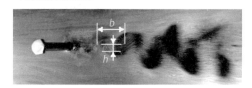

ⓒ 지름 30 mm 원통

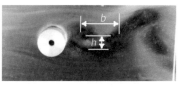

점성 유체의 정상류 속에 놓아 둔 물체 뒷부분에는 정체점을 포함하는 흐름과 평행인 선을 중심
으로 교대로 규칙적으로 발생하는 한 쌍의 카르만의 소용돌이열을 관찰할 수 있다. 소용돌이는
후방으로 갈수록 성장하고 물체에서 충분히 멀어지면 소멸한다.

용어
해설   카르만 : 테오도르 폰 카르만(1881~1963년). 헝가리 출생

064 전선의 울림과 흔들리는 공
소용돌이의 작용력

그림 1과 같이 강풍이 부는 전선이나 빠른 속도로 휘두른 골프 클럽 등 가는 봉 형태의 물체 주변에 높은 속도로 공기가 흐를 때 바람을 가르는 소리가 난다. '대나무 피리'는 울타리나 담 등에 강한 바람이 불 때 일어나는 현상과 똑같다. 이들은 봉 형상의 물체 후방에서 생긴 카르만 소용돌이열이 주위 대기에 주기적인 압력 변동을 주어 공기를 진동시켜서 발생시키는 울림소리이다.

그림 2의 ⓐ에서 깃발을 매달은 깃대에 바람이 불면 바람이 불어가는 쪽에 생기는 카르만 소용돌이열에 의해 깃발에 수평 방향의 힘이 교대로 작용하여 펄럭인다. ⓑ에서 젓가락 등 가벼운 환봉 윗부분 끝을 잡고 아랫부분 끝을 물에 담근 후 똑바로 이동시키면 봉 뒤로 생기는 카르만 소용돌이열이 봉에 압력 변화를 주어 봉을 직각 방향으로 흔드는 힘이 작용한다. 야구에서 너클 볼이라는 흔들흔들 흔들리는 변화구가 있다. 무회전 공의 일종이며 공기 속을 무회전에 가까운 상태로 날아가는 공의 후방에 생기는 카르만 소용돌이열에 의한 압력변화가 공이 지나가는 길을 변화시키기 때문에 가능한 변화구이다. 실제로는 공을 꿰맨 자국이나 공 주변의 3차원적인 공기 흐름의 영향도 있으나 수평 왼쪽 방향으로 날아가는 공의 움직임을 ⓒ와 같이 카르만 소용돌이열과 2차원적인 유선곡률로 간략하게 만들어 생각해 보자. ❶과 ❸에서는 공에 미치는 소용돌이의 영향이 적기 때문에 공은 직전 운동을 지속한다. ❷에서 공의 진행 방향 왼쪽이 저압이 되면 유선이 공에 달라붙어 유선곡률이 커지고 공은 왼쪽으로 향한다. ❹에서 오른쪽이 저압이 되면 ❷와 반대로 공은 오른쪽으로 향한다. 이 움직임이 연속되어 공이 흔들흔들 흔들리면서 날아가기 때문에 타자뿐 아니라 투수와 포수도 투구의 코스를 읽기 어려운 변화구가 된다. 배구의 무회전 서브나 축구의 무회전 슛의 궤적에도 똑같이 카르만 소용돌이열의 힘이 작용한다.

Check!
- ◎ 겨울의 대나무 피리도 카르만 소용돌이열의 작용이다.
- ◎ 카르만 소용돌이열이 무회전 공의 궤적에 변화를 준다.

그림 1 소리는 공기의 진동

ⓐ 전선이 울리는 소리

ⓑ 골프 클럽이 바람을 가르는 소리

ⓒ 소용돌이가 공기를 진동시켜 울리는 소리가 난다.

울타리나 담

그림 2 카르만 소용돌이열이 작용하는 예

ⓐ 바람에 펄럭이는 깃발

깃대에 매달은 깃발은 깃대가 만들어 내는 카르만 소용돌이열에 의해 수평 방향으로 교대로 작용하는 힘을 받고 펄럭인다.

ⓑ 수면에서 흔들리는 봉

윗부분 끝을 잡는다.

진행 방향

진행 방향과 직각인 방향

젓가락과 같이 가벼운 환봉의 윗부분 끝을 잡고 아랫부분 끝을 물속에 넣어 이동시키면 봉의 진행 방향에 대해 직각 방향으로 흔드는 힘이 작용한다.

ⓒ 무회전 공이 흔들리는 구조

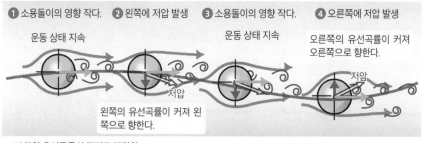

❶ 소용돌이의 영향 작다. **❷** 왼쪽에 저압 발생 **❸** 소용돌이의 영향 작다. **❹** 오른쪽에 저압 발생

운동 상태 지속

운동 상태 지속

오른쪽의 유선곡률이 커져 오른쪽으로 향한다.

저압

왼쪽의 유선곡률이 커져 왼쪽으로 향한다.

저압

※2차원 유선곡률의 정리로 간략화

공기 속을 날아가는 무회전 공 뒤에 발생한 카르만 소용돌이열에 의한 힘으로 공의 궤적이 흔들흔들 흔들린다.

용어 해설

소용돌이의 작용력 : 공 등과 같이 고정되지 않은 소용돌이열 발생원에 위치 변화를 준다.

065

소용돌이 진동과 소용돌이열의 방지법
요철로 소용돌이를 방지

진동하는 물체의 왕복 횟수를 1초당으로 나타낸 수치를 **진동수**振動數라고 한다. 그림 1의 **ⓐ**처럼 추를 끈으로 매달은 진자를 자유롭게 진동시키면 한동안 진동을 지속하다가 결국 멈춘다. 시간이 경과됨에 따라 흔들리는 폭진폭은 작아져도 왕복에 필요한 시간은 변하지 않는데 이때의 진동수를 **고유진동수**固有振動數라고 한다. 여기서 **ⓑ**와 같이 진자를 흔드는 타이밍에 맞춰 외부에서 힘을 주면 진자의 진폭을 크게 만들 수 있다. 외부로부터 에너지를 받은 진동을 **강제진동**强制振動이라고 하고, 힘을 주는 타이밍이 고유진동수와 똑같을 때 진폭이 증대하는 현상을 **공진**共振이라고 한다. **ⓒ**와 같이 카르만 소용돌이열의 작용력으로 물체에 발생하는 진동을 **소용돌이 진동**이라고 한다. 물체의 고유진동수와 소용돌이 진동수가 일치하면 공진을 일으켜 진폭이 증대되고 큰 힘을 발생시키는 경우가 있다.

유체 속에 있는 물체에 카르만 소용돌이열이 발생하면 소용돌이 때문에 저항 손실을 발생시킬 뿐 아니라 공진으로 인한 진동이 기계나 장치에 손상을 주는 경우가 있다. 이러한 현상을 방지하기 위해 카르만 소용돌이열을 방지하는 방법이 고안되었다.

그림 2의 **ⓐ**와 같이 골프공이나 고속열차 집전기의 받침대 등에는 물체 표면에 요철을 만들어 계획적으로 작은 소용돌이를 일으킴으로써 유체가 달라붙는 현상을 배제하여 큰 박리나 카르만 소용돌이열의 발생을 방지한다. 이 방법은 수영 경기에서 상어 비늘 구조의 수영복 등으로도 채택되고 있다. **ⓑ**는 물체에 구멍이나 슬릿을 만들어 정체점을 감소시킴으로써 소용돌이열의 발생을 방지하는 방법이다. 대형 건물 주변에 발생하는 건물풍이라고 불리는 카르만 소용돌이열이나 박리에 의한 소용돌이 또는 동압을 회피할 목적 등으로 건물 일부를 공동空洞으로 만드는 바람 빠짐 구조 등에도 활용되고 있다.

Check!
- 물체의 고유진동수와 똑같은 진동을 주면 공진이 발생한다.
- 표면에 요철을 만들어 유체가 달라붙는 현상을 차단한다.

그림 1 　공진과 소용돌이 진동

ⓐ 진자의 자유진동

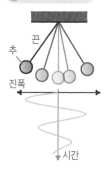

추
끈
진폭
시간

진자를 자유롭게 진동시키면 일정한 주기로 진동하고 점차 진폭이 감쇠하여 정지된다. 이때의 진동수를 고유진동수라고 한다.

ⓑ 공진

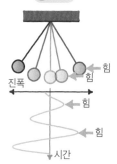

진폭
힘
힘
힘
시간

고유진동수와 똑같은 타이밍으로 힘을 가하면 작은 힘으로도 진폭이 커진다. 힘의 타이밍을 진동이라고 생각하면 힘과 진자의 공진운동이 된다.

ⓒ 소용돌이 진동과 공진

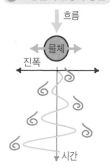

흐름
물체
진폭
시간

카르만 소용돌이열의 작용으로 물체에 발생한 소용돌이가 진동의 진동수와 물체의 고유진동수가 똑같을 때 공진하여 진폭이 증대된다.

그림 2 　소용돌이열을 방지한다.

ⓐ 작은 소용돌이를 이용한다.

골프공의 딤플

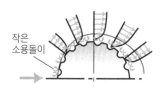

작은 소용돌이

표면에 요철을 만들어 작은 소용돌이를 일으켜 유체가 휘감겨 붙어서 생기는 큰 소용돌이의 발생을 방지한다.

고속열차 집전기 받침대의 요철

받침대 옆면의 요철

ⓑ 바람 빠짐 구조

고속열차의 집전 장치

마찰판
팬터그래프

주체에 관통 홀을 뚫는다.

구멍이나 슬릿으로 소용돌이의 발생을 방지한다.

 용어해설　고유진동수 : 각 물체가 자유진동을 했을 때 나타나는 물체의 고유 주파수이다.

066

나선으로 대형 구조물을 지킨다
긴 대교와 송전선

공기의 흐름 속에 설치된 건물이나 굴뚝 등 기둥 형상의 물체에는 그림 1의 ⓐ와 같이 물체 후방에 생기는 카르만 소용돌이열이 띠 형상으로 분포한다. 소용돌이열의 발생을 방지하기 위해 굴뚝 옆 전면에 골프공의 딤플과 같은 요철을 넣는다는 발상은 현실적이지 못하다. 그래서 ⓑ와 같은 **소용돌이 발생기**Vortex Generator가 채택되고 있다. 리브는 기둥 옆에 설치한 작은 돌기판이고 리브 후방에 작은 난류를 만든다. 홈 형상의 모양이나 반구 형상의 요철은 국부적으로 작은 소용돌이를 발생시킨다. 나선은 기둥 전체에 걸쳐 일정한 요철을 만들 수 있다. 이러한 방법을 건물이나 기둥의 디자인과 강도 설계의 일환으로 계단, 돌출된 창, 통기구 등에 이용하여 위화감이 없이 소용돌이 대책을 세운다.

그림 2의 ⓐ와 같은 긴 대교大橋에서는 로프나 교량 등에 바람의 동압으로 인한 항력과 카르만 소용돌이열로 인한 소용돌이 진동이 발생한다. 메인 로프에는 여러 가지 형태의 부품이 장착되어 난류가 발생하므로 카르만 소용돌이열의 발생은 적어진다. 하지만 행거 로프는 길이가 긴 로프이기 때문에 원통 뒷부분에 생기는 소용돌이열로 인해 소용돌이 진동이 발생한다. 그래서 행거 로프에 가느다란 로프를 나선 형태로 휘감아서 돌기를 만들면 돌기가 난류를 만들어 박리의 발생을 방해하므로 카르만 소용돌이열의 발생을 억제할 수 있다. ⓑ의 송전 설비에는 바람으로 인한 소용돌이 진동으로 송전선이나 유지부에 무리한 힘이 가해지는 현상을 방지하기 위해 전선 설치 공사 종료 후에 전선에 소용돌이 방지용 와이어를 감는 경우가 있다. 대형 송전선뿐 아니라 가로변에 설치된 전선에도 가느다란 와이어를 나선 형태로 감은 모습을 볼 수 있다. 그러나 이 공사는 시간도 오래 걸리고 위험을 동반한다. 연선 전선으로 가장 외곽에 배치되는 전선 여러 개를 굵은 전선으로 만들면 나선 형태의 돌기가 있는 내풍 특성을 가진 전선으로 만들 수 있다.

Check!
⊙ 소용돌이 발생기를 디자인의 일환으로 조화시킨다.
⊙ 가로변의 전선에서도 소용돌이 방지용 감기선을 볼 수 있다.

그림 1 기둥 형상 물체의 소용돌이열을 방지한다.

a 기둥 형상 물체의 소용돌이열

기둥 형상의 물체에는 유체와 접촉하는 면적이 넓고 소용돌이가 띠 형상으로 분포한다.

b 소용돌이 발생기

리브   요철   나선

소용돌이 발생기로 작은 소용돌이를 발생시켜 카르만 소용돌이열을 감소시킨다.

그림 2 긴 대교의 로프와 송전선의 연구

a 긴 대교

메인 로프   행거 로프   행거 로프

해상에 건설된 긴 대교는 로프에 강한 바람이 불어 소용돌이 진동의 원인이 된다.

소용돌이 억제용 로프
이 돌기가 난류를 만들어 박리로 인한 카르만 소용돌이열을 감소시킨다.

b 송전선

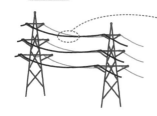

카르만 소용돌이열로 인한 소용돌이 진동을 방지하기 위해 전선 설치 공사 후 송전선에 가느다란 선을 감는 방법이 있으나 위험한 작업이다.

내풍 특성을 갖는 전선

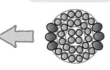

바깥쪽에 위치한 여러 개의 전선을 굵은 선으로 꼬아 만들면 나선 형태의 돌기를 갖는 전선이 된다.

 용어해설   리브 : 보강을 목적으로 한 판 형상의 작은 돌기 부분의 호칭이다.

067

카르만 소용돌이열을 이용하다
소용돌이열의 주파수

흐름 속에 놓여있는 장애물 후방에서 생기는 카르만 소용돌이열은 유체의 레이놀즈 수가 수백에서 수천의 일정 범위에서 유속과 소용돌이의 진동수가 비례한다. 이 특성을 이용하면 진동수를 전기 신호의 주파수로 산출하여 유체의 유속을 측정할 수 있다. 그림 1과 같이 발생한 카르만 소용돌이열의 첫 번째 열을 측정면으로 하고 유체의 유속 u, 소용돌이 발생기의 폭 d일 때 주파수 f는 $f = St \cdot u/d$로 구할 수 있다. St는 **스트로할** Strouhal **수**라고 하며 물체의 형상에 따라 결정되는 정수로서 실험적으로 0.2 정도가 사용된다. 연속의 식 '체적유량 = 단면적 × 유속'에서 카르만 소용돌이열의 주파수를 측정하면 유체의 유량을 알 수 있다.

카르만 소용돌이열은 소용돌이 주변에 국부적인 압력 변화와 난류를 만들어내므로 균일하게 송수신하고 있는 빛이나 초음파 등의 신호를 소용돌이가 가로지를 때 신호에 교란을 준다. 그림 2의 ⓐ는 소용돌이 발생기 뒤에서 흐름과 직각으로 초음파를 송수신하게 두고 소용돌이가 초음파를 가로지르게 하여 수신하는 초음파의 강도가 주기적으로 변하는 현상을 이용해서 소용돌이열의 주파수를 검출하는 초음파식 소용돌이 유량계이다. ⓑ는 소용돌이 발생기 후방에 생기는 카르만 소용돌이열의 소용돌이가 소용돌이 발생기에서 박리될 때 소용돌이 발생기 내부에 있는 바이패스 통로에 압력 변동이 발생하는 현상을 이용한 유량계이다. 소용돌이로 인해 교대로 반전되는 맥류脈流의 압력 변동을 압력 센서로 측정하여 소용돌이열의 주파수를 측정한다. 카르만 소용돌이열을 이용한 이러한 유량계는 기체와 액체 양쪽 모두에 사용할 수 있으므로 자동차 엔진의 흡입 공기량, 가스 유량, 물 등 액체의 유량 측정에 사용되고 있다.

Check!
- 소용돌이열의 주파수를 초음파나 압력 센서로 측정한다.
- 카르만 소용돌이열의 주파수와 연속의 식으로 유량을 구한다.

그림 1   카르만 소용돌이열의 주파수

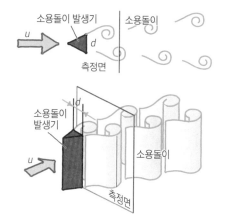

소용돌이 발생기
소용돌이
측정면

소용돌이
발생기
소용돌이
측정면

흐름 속에 놓여있는 폭 d인 소용돌이 발생기 하류에 발생하는 카르만 소용돌이열의 주파수 f는 유체의 유속 u에 비례한다.

$f = St \cdot u / d$

여기서 St를 스트로할 수라고 하며 물체의 형상에 따라 결정되는 정수로서 실험값으로는 0.2 정도이다.

스트로할 수를 일정하게 하고 소용돌이 주파수는 유속에 비례하므로 주파수를 측정함으로써 유속을 구할 수 있다.

관로의 단면적을 A라고 하면 $Q = A \times u$에서 체적유량을 구할 수 있다.

그림 2   카르만 소용돌이식 유량계

ⓐ 초음파로 검출

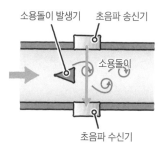

소용돌이 발생기   초음파 송신기
소용돌이
초음파 수신기

ⓑ 압력 센서로 검출

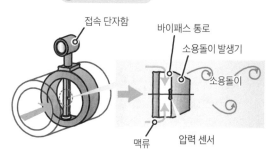

접속 단자함   바이패스 통로
소용돌이 발생기
소용돌이
맥류   압력 센서

연속해서 송수신하고 있는 초음파 신호를 소용돌이가 가로지름으로써 주기성이 있는 전기 신호 변화가 발생한다.

소용돌이 발생기 내부에 있는 바이패스 통로에는 소용돌이가 발생할 때마다 흐름 방향이 교대로 반전되는 맥류가 만들어진다. 이때 발생하는 압력 변화를 압력 센서로 검출하고 전기 신호로 변환한다.

소용돌이를 세어 보면 유체가 흐르는 양을 알 수 있다는 생각은 정말 좋은 아이디어 같아요.

용어
해설   초음파 : 인간이 들을 수 있는 주파수를 넘는 2만 헤르츠(Hz) 정도 이상의 음파

취미에서 발견한 형상과 흐름

산과 들을 걷다보면 환경 조건에 적응한 여러 가지 식물의 모습을 볼 수 있다. 왼쪽에 있는 꽃은 봄에 야산에 핀 '타래난초'라고 하는 난과의 다년초이다. 잔디밭에서 꼿꼿이 서있는 가느다란 줄기를 축으로 하여 그 이름대로 타래처럼 나선 형태로 작은 꽃잎이 많이 붙어 있다. 바람을 피할 곳 없는 평지에서 가느다란 줄기를 땅에 똑바로 세우기 위해 필연적으로 취한 카르만 소용돌이 대책이 아닐까?

오른쪽의 스쿠터 사진은 최근 몇 년간 내가 평상시에 발처럼 사용하는 이동수단이다. 앞유리부터 둥그스름하게 이어진 디자인은 보이는 것 이상의 성능을 발휘한다. 큰 비나 눈, 강풍 속에서도 어렵지 않게 운전할 수 있다. 비 오는 날에는 '이 스쿠터는 처음부터 끝까지 깔끔한 유선으로 연결되어 있구나!'하고 생각하면서 달리고 있다.

제 6 장

유체 기계를 배우다

우리 주변에는 유체를 이용한 여러 가지 기계가 있다.

이 장에서는 펌프나 수차 등 유체 에너지를 변환하는 기계나

유체를 신호로 사용하거나 큰 힘의 발생원으로 사용하는

기계를 배워 본다.

일반적으로 유체의 유로나 유량을 바꾸려면 밸브 등의 가동 부품이 필요하다. 그리고 운동하는 유체는 주로 유체 자체가 가지고 있는 에너지를 전달하는 것으로 여겨진다. 유체 기기의 역사 중에서 유체의 성질을 이용하여 가동부 없이 컴퓨터의 연산과 마찬가지로 논리연산 기능을 갖춘 **유체논리소자**플루이딕스, Fluidics 연구가 활발하게 이루어졌었다. 기계 제어나 선박, 우주공학 등에서의 응용이 기대되었지만 전자 회로 기술의 비약적인 발전으로 현재 이 연구는 정체되어 있다. 그러나 최근 **마이크로머신**Micromachine 이라고 하는 마이크로미터나 나노미터 단위의 크기를 가진 기계를 연구하면서 연산 기능과 구동력을 모두 갖춘 액추에이터구동 기기로 다시 주목받는 분야가 되었다.

그림 1 ⓐ의 ❶에서는 공급구에서 유입된 유체가 날개형 돌기물 앞부분에서 구부러져 출력1의 경로를 취하고 있다. ❷에서 제어 유체를 공급하면 날개형 뒷부분에 코안다 효과가 발생하여 출력2로 전환된다. ⓑ의 ❶에서는 제어 유체1을 공급하면 유로가 출력1로 유지되고, ❷에서 제어 유체2를 공급하면 출력2로 전환되는 플립플롭 동작을 한다. 이와 같이 가동 부분이 없이 제어 유체를 제어 신호로 하여 유체의 경로를 제어하는 물질을 유체논리소자流體論理素子라고 한다.

그림 2는 ❶ 유체가 발진실 내벽을 따라서 출력1 쪽으로 몰린다. ❷ 1쪽 출력이 제어 유체1에서 공급 쪽으로 되돌아간다. ❸ 코안다 효과로 출력2 쪽으로 출력이 몰린다. ❹ 2쪽 출력이 제어 유체2에서 공급 쪽으로 되돌아간다. ❶부터 ❹를 반복하여 교대로 발진된 출력을 얻을 수 있는 동작을 하는 소자이다. 이와 같이 출력을 공급구로 피드백귀환시키는 진동을 유기하면 전자 회로로 멀티 바이브레이터라고 하는 **유체발진자**流體發振子를 만들 수 있다.

Check!
　◎ 유체논리소자는 공기를 제어 신호로 사용한다.
　◎ 유체발진자는 출력이 교대로 전환된다.

그림 1   유체논리소자

a 제어 유체에 의한 출력 전환

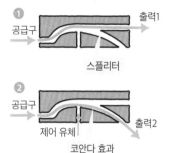

❶ 공급구 → 출력1
스플리터

❷ 공급구 → 출력2
제어 유체
코안다 효과

제어 유체가 없는 경우, 공급구에서 유입된 유체는 유로를 거슬러 출력1을 유지한다. 제어 유체가 주어지면 코안다 효과가 발생하여 유로가 출력2로 전환된다.

b 플립플롭 소자

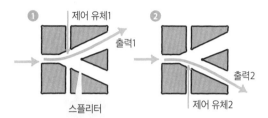

❶ 제어 유체1
출력1
스플리터

❷ 출력2
제어 유체2

제어 유체를 전환하면 코안다 효과가 발생하는 유로가 전환된다. 제어 유체1이 공급되면 출력1을 유지하고, 제어 유체2가 공급되면 출력2를 유지한다. 출력이 교대로 전환되는 동작을 플립플롭이라고 한다.

그림 2   유체발진자

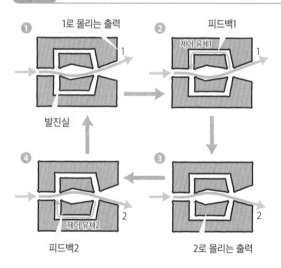

❶ 1로 몰리는 출력
1
발진실

❷ 피드백1
제어 유체1
1

❹ 제어 유체2
2
피드백2

❸ 2
2로 몰리는 출력

플립플롭으로 출력1을 제어 유체1로, 출력2를 제어 유체2로 각각 피드백하면 출력이 연속해서 교대로 전환되고 발진한다.
❶ 유체의 출력이 1로 몰린다.
❷ 제어 유체1로 피드백된다.
❸ 출력이 2로 몰리도록 전환된다.
❹ 제어 유체2로 피드백된다.
❶로 되돌아오고 발진이 지속된다.

용어
해설

스플리터 : 출력 유로를 분기하는 돌기 부분
피드백 : 출력을 입력으로 귀환시키는 동작

157

노즐과 센서
유체발진자

비가 오는 날 자동차를 운전할 때는 반드시 와이퍼가 필요하며 와이퍼와 함께 워셔액도 중요한 역할을 한다. 여러 종류의 자동차에서 채택하고 있으며 앞유리의 넓은 범위에 워셔액이 뿌려지는 '확산식 워셔 노즐'은 비올 때 깨끗한 시야를 확보하는 데 도움이 된다. 그림 1은 확산식 워셔 노즐과 확산 칩의 유로 모형이다. 작은 워셔 노즐에 가동 부분을 만드는 작업은 어렵기 때문에 가동부가 없고, 전자 제어가 필요 없는 유체발진자가 사용된다. 워셔 펌프에서 압송된 워셔액은 발진실로 확산되고 분출구에서 분사된다. 발진실 A_1, A_2 점과 B_1, B_2 점에서는 유로 단면적이 다르고, 질량 보존의 법칙에서 B점이 저압이 되기 때문에 A와 B를 지나는 경로는 **피드백**Feedback **유로**가 된다. 피드백 유로1과 2의 불균형으로 유선이 연속해서 교대로 강약을 반복하면서 발진하고 분출구에서 워셔액을 확산 분사시킨다. 워셔액에 가해진 펌프의 압력은 분출구에서 대기압이 되어 발진실 내부에 높은 배압이 발생하지 않기 때문에 유체 그 자체가 발진을 전환하는 자려발진自勵發振을 한다.

그림 2의 ⓐ와 같이 진동실 내부에 타깃이라고 불리는 장애물을 설치하여 유체가 닿으면 카르만 소용돌이열에 의한 소용돌이 진동 등을 유발함으로써 유체에 강제적인 진동을 발생시킨다. 이러한 진동실을 관로 중간에 설치하면 관로를 흐르는 유체의 유량에 대응한 진동수를 갖는 압력 변동이 진동실 내에서 발생한다. 이 압력 변화를 압력 센서로 측정하여 유량을 측정할 수 있다. ⓑ는 가스의 소비량을 측정하는 가스미터기에 진동 발생기를 사용한 경우로서 타깃, 스플리터, 반사판을 조합한 진동실 내에서 가스를 진동시켜 진동실 내부의 압력 변동을 만들고 압력 변화를 통해 소비량을 검출한다. 유체논리소자형 가스미터기 또는 진동 측정식 가스미터기라고 하는 최근의 방식이다.

Check!
- ⊕ 확산식 워셔 노즐은 유체만으로 발진하는 자려발진을 한다.
- ⊕ 타깃으로 소용돌이 진동을 발생시켜 유량을 측정한다.

그림 1   확산식 워셔 노즐

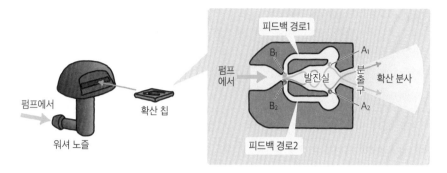

워셔 펌프에서 압송된 워셔액은 워셔 노즐 내의 확산 칩으로 유입된다. 발진실의 A점과 B점에서는 B점이 압력이 낮으므로 유로 AB는 피드백 유로가 된다. 피드백 유로1과 2에서는 피드백 유체의 상태가 다르므로 B_1과 B_2의 영향을 받은 유선이 교대로 발진하여 광범위하게 확산된 워셔액을 분출구에서 분사할 수 있다.

그림 2   진동 발생기

ⓐ 진동 발생기

ⓑ 진동 측정식 가스미터기

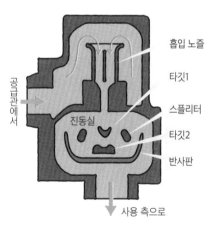

진동실에 흐름을 차단하는 타깃을 설치하여 강한 진동을 발생하는 진동실을 만든다. 진동수가 유량에 대응하도록 유로를 설정하면 진동실의 압력 변동으로 유량을 측정할 수 있다.

 용어 해설   가스미터기 : 다이어프램식, 카르만 소용돌이열식, 진동식 등이 있다.

070 맨홀의 공기 밸브
유체 압송법

포장도로에 있는 맨홀 뚜껑에 '공기 밸브'라고 새겨진 글자를 본적이 있는가? 그리고 '공기 밸브가 뭘까?' 라고 궁금했던 적은 없는가? 수도 배관에는 압력을 가한 물이 흐른다. 이 관로에 공기가 머무르면 베이퍼 로크가 되어 물을 송출하는 데 장애를 일으킨다. 그래서 공기가 머무르기 쉬운 관로 부분에 공기를 빼내기 위한 공기 밸브를 설치한다. 공기 밸브에는 상수도용과 하수도용이 있는데 구조는 조금씩 다르다.

그림 1은 상수도용 공기 밸브이다. ❶의 송수, 배수 시에는 밸브와 플로트가 완전히 아래로 내려가서 밸브가 열린다. 가압 송수가 시작되고 공기 밸브에 물이 들어오면 플로트와 밸브가 동시에 상승하여 ❷와 같이 밸브가 닫히고 공기집에 공기가 채워진다. 공기량이 많아져 공기집의 압력 높아지면서 수면을 누르면 ❸과 같이 플로트가 아래로 내려가 밸브 중앙에 있는 배기구에서 고압 공기가 배출된다. 플로트가 공기집의 압력과 송수 압력을 비교하여 밸브를 열고 닫는 역할을 한다.

하수도는 지금까지 자연흐름식이 일반적이었으나 상수도와 마찬가지로 압력을 가해 내보내는 **압송식**壓送式 **하수도**가 보급되기 시작했다. 상수도와 달리 오수나 오염된 진흙이 이송되는 하수도에서는 하수 속의 고형물이나 가스 등에 대한 내식성 때문에 밸브와 플로트의 재질과 구조가 다르다. 그림 2와 같이 플로트와 밸브의 간격을 크게 해서 하수 속의 고형물 등이 밸브에 닿지 않도록 만들었다. ❶의 평상시와 ❷의 고압 시에는 상수도용 공기 밸브와 똑같이 플로트의 상하 운동으로 밸브를 열고 닫는다. 상수도용 공기 밸브에는 없는 기능으로 물이 가득 찼을 때 하수의 유출을 방지하도록 되어 있다. ❸과 같이 하수가 가득 찼을 때, 서브 플로트가 밀려 올라가서 밸브 본체 내를 완전히 밀봉시킨다.

Check!
- ◐ 공기 밸브로 배관 속의 공기를 배출시킨다.
- ◐ 압송식 하수도에서는 발생한 가스의 배기 등을 겸한다.

그림 1 　상수도용 공기 밸브

❶ 송수, 배수 시

❷ 평상시

❸ 고압 시

❶ 송수 초기와 배수 시에는 플로트와 밸브가 자체 무게에 의해 내려가 있다.
❷ 송수되면 플로트가 밸브를 밀어 올리고 공기집에 공기가 모인다.
❸ 공기집의 압력이 높아지면 수면이 밀려 내려가고 플로트 위치가 내려가서 밸브 중앙에 있는 배기구에서 공기를 배출한다.

그림 2 　하수도용 공기 밸브

❶ 평상시

❷ 고압 시

❸ 만수 시

❶ 송수되면 플로트가 밸브를 밀어 올리고 공기집에 공기가 모인다.
❷ 공기집의 압력이 높아지면 수면이 밀려 내려가고 플로트 위치가 내려가 밸브가 열리고 공기를 배출한다.
❸ 만수 시에는 서브 플로트가 올라가 하수의 유출을 막는다.

 용어 해설 　밸브 : 유로를 열고 닫는 역할을 하는 구조의 총칭이다.

071

하수를 내보내는 방법
하수도 설비

일반적인 하수도에는 **자연흐름식**이 채택되고 있고 가정의 하수 설비가 순조롭게 작동하기 위해서도 배관의 하류를 낮게 만드는 경사가 필요하다. 그림1의 ⓐ 공공 하수 설비에도 경사가 필요하고 깊어진 관로나 저지대 등으로 자연스럽게 흐르지 않는 관로에서는 펌프로 밀어올려서 다시 관로를 연결해야 한다. 하수를 밀어올리는 펌프는 ⓑ와 같이 맨홀 내부에 설치하는 것이 일반적인데 이것을 **맨홀 펌프**Manhole Pump라고 한다. 하수관 ❶과 ❷에서 흘러나온 하수를 펌프를 사용해서 ❸으로 올려 보낸다. 일반적으로 고장 등에 대한 대책으로 두 대의 펌프를 설치한다. 맨홀 펌프는 포장도로에서 볼 수 있는 맨홀에 설치되고 맨홀 속의 수량이 일정량이 되면 자동으로 펌프가 작동된다. 자연흐름식 하수도는 관로에 내리막 경사가 필요하기 때문에 지형 조건에 따라 관로의 경로가 제한된다. 또한 관로의 매설 깊이가 깊어지고 경로가 구부러지거나 합류하는 장소에 많은 맨홀이 필요하다.

나가사키현 하세보시의 테마파크 '하우스텐보스'는 광대한 부지에 점점이 설치된 시설에서 배출되는 하수를 모두 처리하는 설비를 갖추어 견학할 수 있도록 개방했다. 호텔이나 식당가에서 나오는 배수를 거점별로 모아 테마파크와 인접한 하수처리장으로 보내서 사람이 마셔도 해가 되지 않을 때까지 정수 처리하고 재활용하기 때문에 하수에 압력을 가해 보내는 압송식 하수 관로가 채택되었다. 지상의 건물 옥상에서 지하로 내려오면 하우스텐보스 전체로 연결된 상하수도, 전력, 공조, 통신 등을 한 곳에 모은 공동구共同溝를 견학할 수 있다. 압송식은 작은 지름의 관을 지표를 따라 얕은 깊이로 매설할 수 있으며, 시설과 처리장을 연결하는 전용 관로라면 맨홀도 필요 없고 경로도 자유로워 공동구에 설치하는 데 적합하다.

Check!
- ◎ 자연흐름식 하수 관로에는 내리막 경사가 필요하다.
- ◎ 압송식 하수 관로의 경로는 비교적 자유자재로 설치할 수 있다.

그림 1   자연흐름식 펌프

ⓐ 자연흐름식 하수도

ⓑ 맨홀 펌프

펌프업

경사가 필요

어디까지나 계속 이어지면 점점 깊어진다.

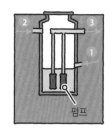

펌프

경사 때문에 깊어진 관로나 저지대의 관로에는
펌프로 압송할 필요가 있다.

펌프압송용 펌프로 ❶과 ❷의
하수를 ❸까지 끌어올린다.

그림 2   압송식 하수 설비

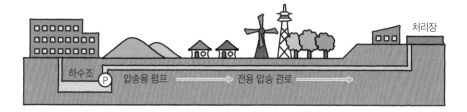

처리장

하수조   ⓟ   압송용 펌프   →   전용 압송 관로   →

시설에서 배출되는 하수를 전용 하수조에 모으고 일정량이 되면 자동으로 압송용 펌프를 운전하여 압력을
가해 관로로 내보낸다. 다른 경로와 합류하지 않는 전용 압송 관로를 사용하면 매설 장소와 경로를 자유롭
게 선정할 수 있다. 압송식 하수 설비는 한정된 지역 전체의 기반 설계 시에 조합하면 효과적이다.

눈에 보이지 않는 지하에서 여러 가
지 하수 설비 기술이 우리의 생활을
유지해주고 있어요. 이제 맨홀을 보
는 눈이 새로워졌을 거예요!

 용어
해설   배관의 경사 : 일반적으로 관의 지름이 클수록 완만하게 만든다.

072

우물과 온천의 깊이
수중 펌프

지하 50 m에서 빨아올린 우물물이라는 표현은 유체 기기 분야에서는 올바르다고 할 수 없다. 빨아올린다는 동작은 청소기와 같이 기계 입구 쪽을 진공으로 만들어 기계 출구 쪽으로 유체를 내보내는 작업이다. 앞에서 진공은 물기둥 약 10 m 높이와 똑같다는 사실을 알 수 있었다. 그렇기 때문에 아무리 강력한 펌프를 사용해도 10 m 이상 낮은 곳에서 물을 빨아올릴 수는 없는 것이다. 그림 1과 같이 펌프의 **흡입양정**吸入揚程은 빨아들인 수면에서 펌프 중심까지의 높이를 나타내며 이 높이는 7~8 m정도이다. 펌프의 중심부터 송출하는 수면까지의 높이를 **송출양정**送出揚程이라고 하고 이 높이는 펌프의 종류와 성능에 따라 수십 m에서 700 m 이상까지에 이른다. 흡입양정과 송출양정의 합을 **실양정**實揚程이라고 한다. 흡입하는 쪽이나 송출하는 쪽 모두 손실이 발생하기 때문에 실양정에 손실을 더한 개념을 펌프의 **전양정**全揚程이라고 한다.

그렇다면 지하 50 m인 우물물이나 지하 500 m의 온천수는 어떻게 해서 지상으로 끌어올리는 걸까? 땅속에 큰 펌프장을 만든다고는 생각할 수 없다. 그림 2의 ⓐ와 같이 땅속에 구멍을 파서 우물이나 온천을 발견했다면 우물틀 속의 앞쪽에 펌프를 붙인 관로를 연장하여 펌프가 물속에 잠기게 하여 펌프로 물을 밀어올린다. 펌프의 송출양정은 기종에 따라 700 m 정도까지도 충분히 가능하므로 지하에 있는 우물물이나 온천을 퍼올릴 수 있다. 이러한 펌프를 **수중**水中 **펌프**라고 한다. 수중 펌프는 ⓑ와 같이 모터와 펌프를 일체화시킨 원통형으로 아랫부분에 설치한 모터의 회전축에 여러 단의 압축용 회전차를 달아서 액체의 압력을 순차적으로 높여 높은 송출양정을 만들어 낸다. 가정에서 흔히 볼 수 있는 제품으로 욕조의 물을 퍼올리는 소형 수중 펌프가 있다. 관로 부분이 호스로 되어 있으나 물속에서 물을 밀어올리는 똑같은 동작을 한다.

Check!
- ◎ 펌프의 전양정은 손실 수두를 포함한다.
- ◎ 펌프 회전차의 단 수를 여러 개로 만들면 양정이 커진다.

그림 1   펌프의 양정

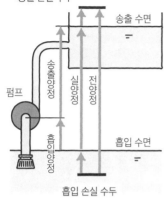

송출 손실 수두

송출 수면

펌프

송출양정
실양정
전양정

흡입양정

흡입 수면

흡입 손실 수두

- 펌프의 수두를 양정이라고 부른다.
- 흡입양정 : 흡입 수면부터 펌프 중심까지
- 송출양정 : 펌프 중심부터 송출 수면까지
- 실양정 : 흡입양정 + 송출양정
- 흡입 손실 수두 : 주로 흡입 속도 수두
- 송출 손실 수두 : 주로 송출 속도 수두
- 전양정 : 실양정 + 흡입 손실 수두 + 송출 손실 수두

흡입양정과 흡입 손실 수두의 합이 펌프 진공 쪽에서 빨아올리 수 있는 이론값으로 약 10 m의 수두이다. 실제 기기에서는 7~8 m이다.

그림 2   수중 펌프

ⓐ 수중 펌프

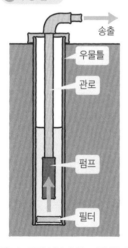

송출

우물틀

관로

펌프

필터

수중 펌프는 모터 부분과 펌프 부분을 하나로 만든 원통형으로, 지상에서 전원을 공급하여 액체를 밀어 올린다.

ⓑ 펌프의 개략

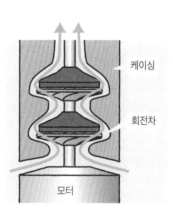

케이싱

회전차

모터

모터로 회전차를 회전시켜 유체에 에너지를 준다. 회전차의 단 수가 많을수록 높은 양정을 얻을 수 있다.

용어
해설   케이싱 : 유체 기계의 몸체, 케이스의 호칭

073

낮에는 발전, 밤에는 펌프
수차와 펌프

전기는 일종의 에너지로서 힘, 운동, 빛, 열 등 다른 여러 가지 에너지로 손쉽게 변환시킬 수 있으며 절대적으로 없어서는 안 될 에너지원이다. 그러나 전기는 인공적으로 만들어내는 에너지이고, 생산된 전기를 보존하는 것이 불가능하다. 그렇기 때문에 발전소에서는 24시간 동안 언제든지 최대 사용 시의 전기량을 충족시키도록 발전할 수 있어야 한다. 또한 발전 설비는 대규모이기 때문에 전기의 수요에 맞춰 작게 분리해서 설치하기가 어렵다.

그림 1의 양수식 수력 발전소는 전력 사용량이 많은 낮에는 상부 저수지에서 하부 저수지로 물을 흘려보내고 관로 중간에 설치된 수차로 발전기를 회전시켜서 발전한다. 야간에는 잉여 전력을 사용하여 낮과는 반대로 발전기를 모터로 회전시켜 수차를 펌프로 사용하면서 하부 저수지에서 상부 저수지로 물을 압송한다. 한 기계에서 펌프양수기와 수차 발전기 양쪽 모두를 사용할 수 있는 기기를 **펌프 수차**水車라고 한다.

그림 2는 펌프 수차의 개략적인 모습이다. 선풍기 스위치를 누르면 날개가 회전하고 스위치를 끄고 선풍기 날개에 강한 바람을 불면 날개가 반대 방향으로 회전하는 것과 같이 회전형 유체 기계에는 유체의 흐름을 가역적으로 취급할 수 있는 경우가 있다. ⓐ는 상부 저수지에서 유입되는 물을 소용돌이실에서 받아 안내 날개가 회전차로 보내고 회전차에 접속한 발전기모터를 회전시켜 물이 가지고 있는 에너지를 전기 에너지로 변환하는 수차와 발전기이다. 이 기계에 ⓑ와 같이 모터발전기에 전력을 공급하여 회전차를 회전시키면 하부 저수지에서 물을 빨아들여 밀어 올리는 펌프로 기능한다. 수차는 물의 에너지를 회전 운동으로 변환하는 회전차이고, 펌프는 회전 운동을 물의 에너지로 변환하는 회전차이다.

Check!
◐ 수차는 물의 에너지를 회전 운동으로 변환한다.
◐ 펌프는 회전 운동을 물의 에너지로 변환한다.

그림 1   양수식 수력 발전소

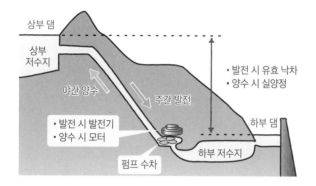

펌프 수차는 한 대의 기계로 펌프와 수차 양쪽의 기능을 한다. 낮에는 물을 흘려보내 발전하는 발전기가 되고, 밤에는 전기를 받아 물을 밀어 올리는 펌프가 된다.

그림 2   수차와 펌프

ⓐ 수차와 발전기

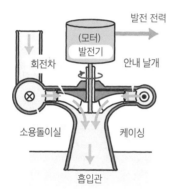

ⓑ 모터와 펌프

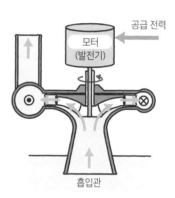

흐르는 방향을 표시하는 기호   ◉ 뒷쪽에서 앞쪽으로   ⊗ 앞쪽에서 뒷쪽으로

높은 곳에서 유입된 물은 소용돌이실→안내 날개→회전차를 경유하여 발전기를 회전시켜 전력을 만든다.

모터에 공급한 전력은 회전차를 회전시켜 부압으로 물을 빨아들인 후 압력을 주어 높은 곳으로 송출한다.

 소용돌이실 : 물이 소용돌이 형태로 유동하도록 유도하는 경로이다.
안내 날개 : 물의 흐름을 회전차로 안내하는 조정 날개이다.

074

거품을 사용한 양수 장치
에어리프트 펌프

열대어 등의 관상어용 수조는 단순히 사육만 하는 용기가 아니라 취향을 반영한 아쿠아리움이라고 하는 작은 수족관 같은 구성을 갖춘 것이 많다. 이러한 수조 내부의 물의 상태를 유지하기 위해 그림 1과 같이 수조 윗부분에 설치한 여과기에서 물을 순환시키는 경우가 있다. 물을 순환시켜서 여과하려면 물을 이동시키기 위한 펌프가 필요한데 펌프에는 몇 가지 종류가 있다. 먼저, 흡입관 속에 미세한 기포가 떠있는 형식의 여과기로서 여과기 내부의 필터를 청소하거나 교환할 때 보면 펌프 같은 장치가 없이 물을 순환시키는 부분에 공기를 보내는 에어 튜브가 연결되어있는 제품이다. 이러한 기종에서 필터의 커버를 벗기고 운전을 시키면 거품과 함께 물이 세차게 뿜어져 나오는 모습을 볼 수 있을 것이다. 여기서 사용되는 펌프를 **에어리프트 펌프**Airlift Pump라고 한다.

에어리프트 펌프는 그림 2의 ⓐ처럼 밸브나 회전차 등의 가동 부분이 없고 송수관과 압축 공기 배관만으로 구성되어 있다. 소형 수조라면 그림 1과 같이 튜브를 이중으로 만들고 내부에 압축 공기를 통과시키면 한 개의 배관으로 충분하지만 대형 수조에는 적합하지 않다. 이와 같이 간단한 구조에서 어떻게 물이 세게 나오는 걸까? ⓑ와 같이 송수관의 물속에 압축 공기를 보내 작은 기포를 발생시키면 그 부분의 밀도가 작아진다. 수면에는 대기압이 작용하고 있으므로 밀도가 작은 물은 밀려 올라간다. 물은 송수관 안에 항상 들어 있으므로 이 동작이 연속해서 일어나면서 양수 펌프 작용을 한다. 기계적인 가동 부분은 없기 때문에 물뿐만 아니라 고형물이 혼합된 물이나 오염된 물 등에도 적합하며 양정 효과도 크게 볼 수 있으므로 온천수를 끌어올릴 때에도 사용된다. 밀도의 차이로 인한 부력을 이용한 펌프이다.

Check!
ⓞ 에어리프트 펌프는 거품으로 물의 밀도를 작게 만들어 부력을 발생시킨다.
ⓞ 가동 부분이 없으므로 고형물이 혼재된 유동물에도 적합하다.

그림 1 관상어용 수조의 여과기

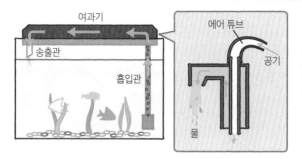

여과기
에어 튜브
송출관
공기
흡입관
물

물을 빨아들여 필터로 보내는 부분에 펌프와 같은 부품은 없고 공기압축기에서 공기를 보내는 에어 튜브가 붙어 있을 뿐이다.

그림 2 에어리프트 펌프

a 기본 구성

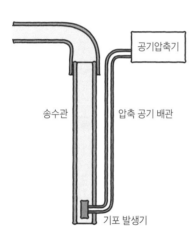

공기압축기
송수관
압축 공기 배관
기포 발생기

b 동작 원리

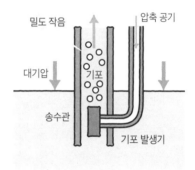

밀도 작음
압축 공기
대기압
기포
송수관
기포 발생기

물속에 압축 공기를 보내 기포를 발생시키면 그 부분은 물의 밀도가 작아진다. 수면에 대기압이 작용하고 있으므로 밀도가 낮은 물은 떠오르면서 펌프 작용을 한다.

거품을 내뿜기만 하는데 펌프가 된다니 신기하네. 유체의 힘은 대단해!

용어
해설
기포 발생기 : 기포를 작게 만들어 공기가 물속에서 쉽게 분산되게 한다.

075

작은 공간에서 큰 힘을 만들다
유압 기계

액체는 비압축성 유체이므로 앞에서 소개한 파스칼의 원리에서 알 수 있듯이 액체의 압력을 높이면 큰 힘을 만들어 낼 수 있다. 또한 액체의 완충성을 이용하면 엔진이나 모터 구동에서 발생하는 강한 충격이나 진동 등에도 대처할 수 있다. 그림 1은 유압 실린더와 링크라고 불리는 기구를 조합시킨 건설 기계인 굴착기의 예이다. 굴착기는 큰 작업력이 필요하고, 반복적인 충격이 있거나 땅이 질어 질퍽질퍽한 곳에서의 작업 등 가혹한 환경에서 사용된다. 반면에 종이 한 장을 집어 올릴 수 있는 미동 조작inching도 필요하다. 유압 실린더에 작동 유체를 유입, 유출시켜 로드를 밀거나 당겨서 링크 기구로 암의 자세를 제어한다. 유압 실린더는 작동 유체의 운동으로 기계적인 운동을 직접 만들어낼 수 있으므로 간단한 구조로 견고한 기계를 만들 수 있다.

터널 공사나 지하 공동구 공사 등에서 채택하고 있는 실드shield 굴진기는 구멍을 파는 동시에 벽이 되는 부재를 쌓아올려서 터널을 효율적으로 파나가는 기계다. 그림 2와 같이 실드 프레임이라고 불리는 원통 속에 지반을 깎는 커터를 회전시키기 위한 장치, 벽의 부재가 되는 철근 콘크리트 블록을 조립하는 장치, 추진력을 만들어내는 장치 등이 내장되어 있다. 땅속에서 실드 프레임 전체를 천천히 밀어내는 작업에는 유압 실린더가 적합하다. 실드 잭이라고 하는 유압 실린더를 사용하여 약 40 MPa 정도의 압력으로 실드를 밀어낸다. 한편 지반과 접촉하는 커터는 페이스 잭이라는 유압 실린더로 12~13 MPa 정도의 압력으로 눌러서 지반이 무너지는 것을 방지한다. 이들은 우리 눈에 보이지 않는 곳에서 착실하게 지하 공사를 수행하는 원동력이 되고 있다.

Check!
- 유압 실린더는 충격이나 진동에 강하고 미세한 운동에도 적합하다.
- 유압 기기로 간단한 구조의 견고한 기계를 만들 수 있다.

그림 1 유압 실린더와 굴착기

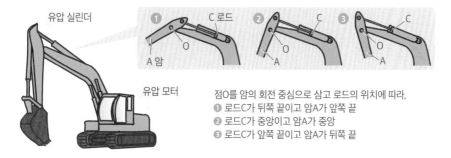

유압 실린더

C 로드

유압 모터

점O를 암의 회전 중심으로 삼고 로드의 위치에 따라,
❶ 로드C가 뒤쪽 끝이고 암A가 앞쪽 끝
❷ 로드C가 중앙이고 암A가 중앙
❸ 로드C가 앞쪽 끝이고 암A가 뒤쪽 끝

그림 2 실드 굴진기

ⓐ 실드 굴진기

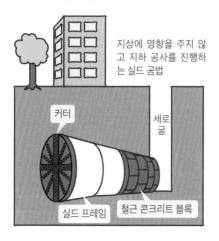

지상에 영향을 주지 않고 지하 공사를 진행하는 실드 공법

커터

세로굴

실드 프레임

철근 콘크리트 블록

ⓑ 실드 프레임 다지기

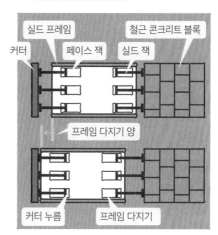

실드 프레임

철근 콘크리트 블록

커터

페이스 잭

실드 잭

프레임 다지기 양

커터 누름

프레임 다지기

실드 굴진기를 사용한 터널 공사는 땅속에 틈새를 만들지 않고 진행할 수 있으므로 지반의 강도를 저해하지 않고 시공할 수 있다.

유압 기계는 좁은 곳에서도 큰 힘을 낼 수 있어요.

용어 해설 로드 : 실린더가 전후진하는 피스톤에 붙어 있는 봉 형태의 부재

사적과 유체소자

야쓰가타케(八ヶ岳)는 나가노 현과 야마나시 현에 걸쳐 듬직하게 자리를 잡고 있으며 광대한 산자락을 가진 유명한 산이다. 내가 등산이나 오토바이 투어, 사륜차 드라이브, 가족 여행 등으로 이 산악과 산기슭을 누빈 지는 어언 40년이 된다.

야쓰가타케 남쪽 기슭 호쿠토 시에 있는 삼부이치(三分一) 용수는 현재 공원으로 관리되고 있는 농업용수 설비다. 16세기 전국시대, 가이의 다케다 신겐(武田信玄)이 야쓰가타케를 둘러싼 인근 세 마을의 물싸움을 해결하기 위한 치수 설비로, 사각형 둑에 야쓰가타케에서 솟아나는 물을 끌어들여 입구에 삼각형의 돌을 세우고 물의 흐름을 세 방향으로 나누어 하류 마을로 균등하게 급수했다고 전해지고 있다. 현재도 하루에 약 8500톤의 물이 농업용수로 이용되고 있다. JR 가이코센 역에서 가깝고 산기슭의 관광도로도 정비되었으므로 봄부터 가을에 걸쳐 많은 사람이 방문하는 명소가 되었다. 사각형 둑 입구에 놓인 삼각형 돌이 유입되는 물을 좌우로 나누어 돌 뒤쪽으로 좌우로부터 돌아들어오는 물이 합류하고 사각형 둑에 설치된 세 개의 출구에서 물이 흘러 나가는 모습은 플루이딕스의 움직임 그 자체이다.

나라 현 아스카무라의 사카후네이시(酒船石) 유적에서 볼 수 있는 많은 석조물들의 목적, 용도에는 여러 가지 설이 있다. 나는 발표된 유적의 흩어져 있는 배치나 각 형상을 통해 대형 수리 설비의 일부였기를 원했다. 사카후네이시 표면에 새겨진 모양은 플루이딕스의 주제가 되는 유체논리소자의 패턴과 매우 흡사하다. 이 사카후네이시를 플루이딕스 소자로 많이 조합하여 물의 흐름을 자유롭게 조작했다고 생각하면 고대의 장대한 유체논리 연산 설비가 된다. 이것은 어디까지나 개인적인 로망이다.

참고 문헌

도서

『수력학·유체역학』이치카와 쓰네오 저(아사쿠라 서점, 1981년)

『알기 쉬운 수력학』미야타 마사히코 편저(옴사, 1995년)

『유체역학』일본기계학회 저(일본기계학회, 2005년)

『도구로서의 유체역학』야마구치 히로키 저, 마쓰모토 요이치로 감수(일본실업출판사, 2005년)

『도해입문 알기 쉬운 항공역학의 기본』이노 아키라 감수(슈와 시스템, 2005년)

『물건 만들기를 위한 기초 유체공학』가도타 가즈오, 하세가와 야마토 저(기술평론사, 2005년)

『플루이딕스의 사용법·제작법』요시다 료이치(옴사, 1972년)

『알고 싶은 플루이딕스』도쿄항공계기개발연구 그룹 저(재팬머시니스트사, 1970년)

『흐름의 신비』일본기계학회 편(고단샤, 2004년)

홈페이지

샤프 주식회사	http://www.sharp.co.jp/
하우스텐보스	http://www.huistenbosch.co.jp/
하수도압송관로기술	http://www.assouken.gr.jp/
주식회사 에바라제작소	http://www.ebara.co.jp/
주식회사 구보타	http://valve.kubota.co.jp/
산와 엔터프라이즈 주식회사	http://www.sanwa-ent.co.jp/

색인

ㄱ

각속도 68
간섭항력 80
갑문 44
강제 소용돌이 68, 70
게이지 압력 20, 102, 108
경계층 70, 104, 142
고유진동수 148
골격선 132, 134, 138
공기저항계수 78
공진 148
관성 22, 48, 74
구심력 66, 122

ㄴ

나사 펌프 14
난류 76, 142, 150, 152
날개끝 소용돌이 140
내연기관 30

ㄷ

다이캐스팅 주조법 14
대기속도 100
동압 100, 102, 144, 148, 150
동점도 34

ㄹ

랭킨(Rankine)의 초합 소용돌이
    70
레이놀즈 수 76, 152

ㅁ

마그누스(Magnus) 효과 128,
    138
마이크로머신 156
마찰력 34, 104
마찰식 브레이크 38
마찰항력 78, 82
맨홀 펌프 162
메타센터 60
모멘트 60, 134
모세관현상 50, 52
밀도 22, 24, 40, 42, 92, 110,
    120, 168

ㅂ

박리 82, 142, 144, 148, 150,
    152
박리점 144
반작용력 110, 112, 124, 134
배력장치 36
배압 112, 158
베르누이 효과 96, 98
베르누이(Bernoulli)의 정리
    94, 96, 102, 106, 114, 130
베이퍼 로크 26, 32, 38, 160
벤투리관 98
복원력 60
부력 40, 42, 44, 60, 66, 168
부압 20, 64, 96, 98
비중량 24, 40, 42, 92

ㅅ

사이클론 분리기 70
사이펀 62, 64
상대조도 104
소용돌이 발생기 150
소용돌이관 140
소용돌이선 140
소용돌이실 140, 166
속도 벡터 72, 138
속도 수두 94, 100, 102, 104,
    106, 108
속박(束縛) 소용돌이 140
손실 수두 104, 108, 164
송출양정 164
수격작용 116
수두 94
수준기 56
수평면 24, 54, 56, 66, 114
순환 140
순환 흐름 138, 140
스트로할(Strouhal) 수 152
실양정 108, 164

ㅇ

압력 수두 94, 100, 102, 104,
    106, 108
압력항력 78
압송식(壓送式) 하수도 160
양력 128, 130, 132, 134, 136,
    138, 140

에어리프트 펌프 168
역 사이펀 62
연성관 108
연속의 식 92, 94, 102, 112, 114, 118, 130, 152
연직선 54, 60
연통관 54, 56
우력 60
우력의 모멘트 60
원심력 66, 70, 120
원호익 132, 134
위치 수두 94, 102, 104, 106, 114
유관 92
유도항력 80
유맥선 72
유선 72, 74, 76, 106, 114, 120, 124, 126, 128, 130, 134, 136, 138, 142, 144, 158
유선곡률의 정리 120, 122, 132
유적선 72
유체논리소자 156
유체발진자 156, 158
유해항력 80
익현 132
임계 레이놀즈 수 76

ㅈ

자유(自由) 소용돌이 68, 70, 140
전단력 82
전수두 94, 102, 104
전양정 164

전항력 78
점성 저항 48, 82
점차확대관 92
점착력 46, 82
정상류 72, 76, 92, 94, 96, 114, 130, 138
정압 100, 102
정체점 78, 100, 128, 130, 132, 136, 138, 140, 144, 148
주속도 68, 70, 120
중량유량 92
중력가속도 18, 22, 24, 40, 92
진동수 148, 152, 158
질량 보존의 법칙 92, 158
질량유량 92
질점 66

ㅊ

천이영역 76
천이점 142
체적유량 92, 110, 114, 152
총압 100, 102
출발(出發) 소용돌이 140
층류 76, 142

ㅋ

카르만 소용돌이열 144, 146, 148, 150, 152, 158
캐비테이션 84, 86
캠버각 124, 132, 138
코안다 효과 126, 136, 156
쿠에트(Couette) 흐름 82, 142
쿠타-주코프스키(Kutta-Joukowski)의 순환 이론 138

ㅌ

토리첼리(Torricelli)의 진공 20

ㅍ

파스칼의 원리 36, 38, 170
포아젤(Poiseuille) 흐름 82, 102, 104
포화압력 84
포화온도 84
표면장력 46, 48, 50, 72
표준 기압 20, 24, 25
피토관 100

ㅎ

헬름홀츠(Helmholtz)의 소용돌이 정리 140
형상항력 78, 80
후세코시(伏越)의 원리 62
흡입양정 164

POST SCIENCE/12
가볍게 읽는 **유체공학**

지은이 고미네 다쓰오
옮긴이 정세환
감수자 양한주
펴낸이 조승식
펴낸곳 도서출판 북스힐
등록 1998년 7월 28일 제22-457호
주소 서울시 강북구 한천로 153길 17
홈페이지 www.bookshill.com
이메일 bookshill@bookshill.com
전화 02-994-0071
팩스 02-994-0073

초판 인쇄 2020년 9월 5일
초판 발행 2020년 9월 10일

값 13,000원
ISBN 979-11-5971-300-2

* 잘못된 책은 구입하신 서점에서 바꿔 드립니다.